Conserver et reparer la couverture)

ESQUISSE

DE LA

GÉOGRAPHIE BOTANIQUE

DE LA BELGIQUE

PAR

JEAN MASSART

ANNEXE

CONTENANT
DEUX CENT SEIZE PHOTOTYPIES SIMPLES,
DEUX CENT QUARANTE-SIX PHOTOTYPIES STÉRÉOSCOPIQUES,
NEUF CARTES ET DEUX DIAGRAMMES

Extrait du *Recueil de l'Institut botanique Léo Errera,*
tome supplémentaire VII bis

BRUXELLES

HENRI LAMERTIN, ÉDITEUR-LIBRAIRE

20, RUE DU MARCHÉ AU BOIS, 20

1910

ESQUISSE

DE LA

GÉOGRAPHIE BOTANIQUE
DE LA BELGIQUE

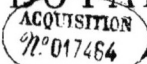

PAR

JEAN MASSART

———

ANNEXE

CONTENANT
DEUX CENT SEIZE PHOTOTYPIES SIMPLES,
DEUX CENT QUARANTE-SIX PHOTOTYPIES STÉRÉOSCOPIQUES,
NEUF CARTES ET DEUX DIAGRAMMES

———

Extrait du *Recueil de l'Institut botanique Léo Errera,*
tome supplémentaire VII bis

———

BRUXELLES
HENRI LAMERTIN, ÉDITEUR-LIBRAIRE
20, RUE DU MARCHÉ AU BOIS, 20
—
1910

SOMMAIRE

DES PHOTOTYPIES, DES CARTES ET DES DIAGRAMMES

CARTES.

DIAGRAMMES.

Ils représentent la date de floraison de quelques plantes en 1903 et en 1908.

Domaine intercotidal.

Phot. 1. Estacade et brise-lames, à Nieuport. Le brise-lames porte des *Fucus*.
Septembre 1908.

Phot. 2. Le même brise-lames pendant une forte marée de tempête.
Septembre 1908.

Domaine intercotidal.

Phot. 3. Estacade et brise-lames, à Ostende. En bas, *Fucus vesiculosus* et *Fucus platycarpus*. Plus haut, *Enteromorpha compressa*. — Août 1907. (Voir phot. 222.)

Phot. 4. Flaque sur la plage à Coxyde. Sur le fond vivent des Diatomées.
(Voir phot. 224). — Septembre 1907.

District des dunes littorales,

Phot. 5.   Dunes mobiles avec *Ammophila arenaria*. — Avril 1908.

Phot. 6.   Dunes démantelées, montrant la stratification. — Avril 1908.

Phot. 7.   Transport du sable pendant une tempête. — Avril 1908.

à Coxyde.

Phot. 8.   Creusement d'une fosse par le vent. En 1902, le fond de la fosse était en niveau
où est assise la petite fille. Dans le Terrain Expérimental. — Août 1908.

Phot. 9.   Recouvrement d'une panne garnie de *Salix repens* par le sable
qu'amènent les tempêtes. — Avril 1908.

Phot. 10.   *Sambucus nigra* dont les feuilles ont été arrachées et déchiquetées
par une tempête de W.-N.-W. — Septembre 1908.

District des dunes littorales :

Phot. 11.   Panne avec *Hippophaës rhamnoides* et *Senecio Jacobaea*, à Coxyde. —
Août 1907.

Phot. 12   Mare dans une panne, à Coxyde. — Septembre 1909.

Phot. 13.   *Pinus Pinaster* âgés d'une trentaine d'années, à Coxyde. —
Septembre 1909.

pannes et cultures.

Phot. 14. Champs cultivés dans les pannes, à Coxyde. — Septembre 1908.

Phot. 15. *Pinus sylvestris* et *Populus alba* déjetés par les tempêtes de W.-N.-W. : à droite, les polders. — A Adinkerke. — Avril 1909.

Phot. 16. Limite des dunes et des polders, entre Coxyde et Oostduinkerke, lors d'une chute de neige. — Mars 1908.

District des alluvions marines

Phot. 17. Près de la plage : *Suaeda maritima* et *Salicornia herbacea*. A gauche, la flèche de sable qui s'avance en travers de l'embouchure du Zwijn.

Phot. 18. En arrière de la phot. 17. Buttes couvertes d'*Atropis maritima*.

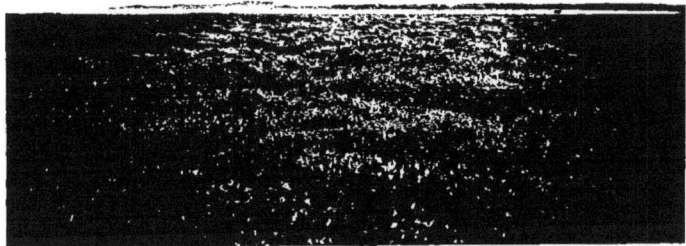

Phot. 19. En arrière de la phot. 18 Plaine avec *Atriplex portulacoides*.

au **Zwijn**, en octobre 1909.

Phot. 20.   En arrière de la phot. 19. Plaine avec *Atropis maritima*, *Atriplex portulacoides* et *Statice Limonium*.

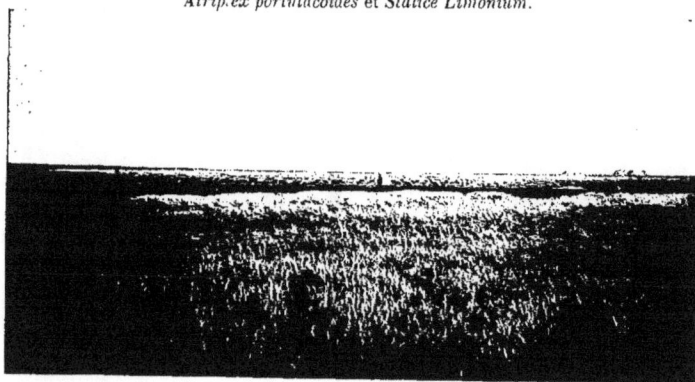

Phot. 21.   En arrière de la phot. 20. Plaine avec *Atropis maritima* et *Agropyrum pungens*.

Phot. 22.   En arrière de la phot. 21. A gauche, digue protégeant le polder ; devant la digue, rigole avec *Atriplex portulacoides* ; à droite, *Agropyrum pungens*.

District des alluvions marines.

Phot. 23. *Triglochin maritima* bordant une fosse dont le fond crevassé porte *Microcoleus chthonoplastes*, à Nieuport. — Juin 1908.

Phot. 24. *Armeria maritima* sur le schorre. Il n'y en a pas près de la fosse, à droite. A Nieuport. — Juin 1908.

Phot. 25. Schorre et slikke du Bas Escaut, à Doel. A droite, *Scirpus maritimus*. Mai 1908.

District des alluvions fluviales.

Phot. 26. L'Escaut en aval de Tamise : à gauche, Noyers (*Juglans regia*) sur la digue du Groote Schoor; devant *Phragmites communis*. — Juin 1909. (*Cliché de M. C. Chargois.*)

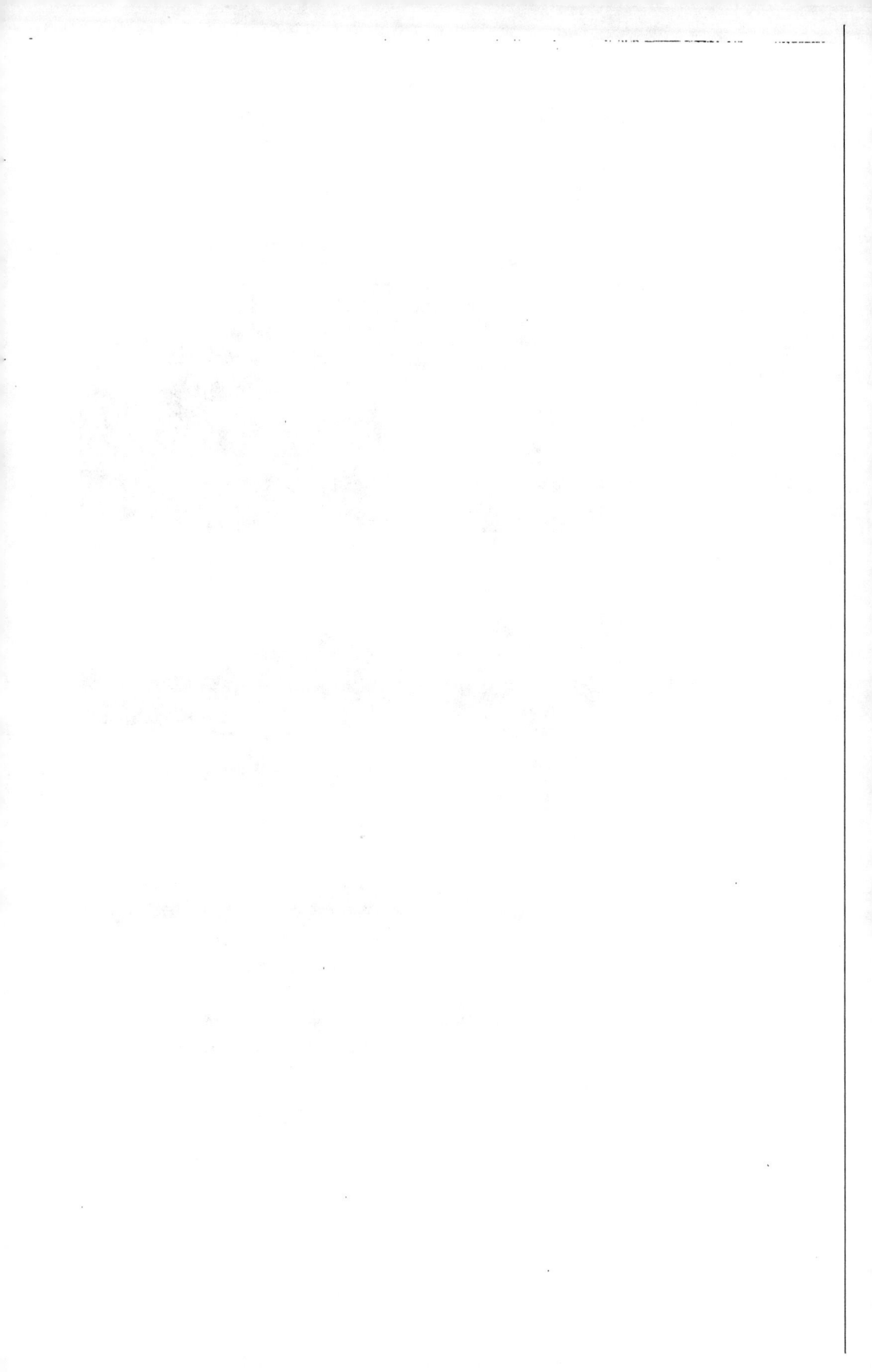

Alluvions fluviales de l'Escaut.

Phot. 27   L'Escaut à marée haute, à Appels (en amont de Termonde). Sur le yacht « Oyouki »
des membres de la Société royale de Botanique de Belgique. — Juin 1909.

Phot. 28.   La Durme, à marée presque haute, à Hamme. — Octobre 1908.

Phot. 29.   Plage vaseuse de l'Escaut, à marée basse, entre Tamise et Thielrode.
Phragmites communis devant les *Salix alba* — Octobre 1908.

de la **Durme et du Rupel.**

Phot. 30. Plage vaseuse de l'Escaut à Hingene (en aval de Tamise). Sur les *Eleocharis palustris*, on voit la laisse boueuse de la dernière marée. — Juin 1909.

Phot. 31. Plage vaseuse d'un petit affluent de l'Escaut, à Moerzeke (en aval de Termonde). a. *Callitriche vernalis*. — b. *Salix amygdalina*. — c. *Veronica Beccabunga*. — Septembre 1909.

Phot. 32. Plage vaseuse à l'embouchure du Rupel. — a. *Glyceria aquatica*. — b. *Sagittaria sagittifolia*, jeunes. — c. *Eleocharis palustris*. — d. *Phragmites communis*. — Mai 1908.

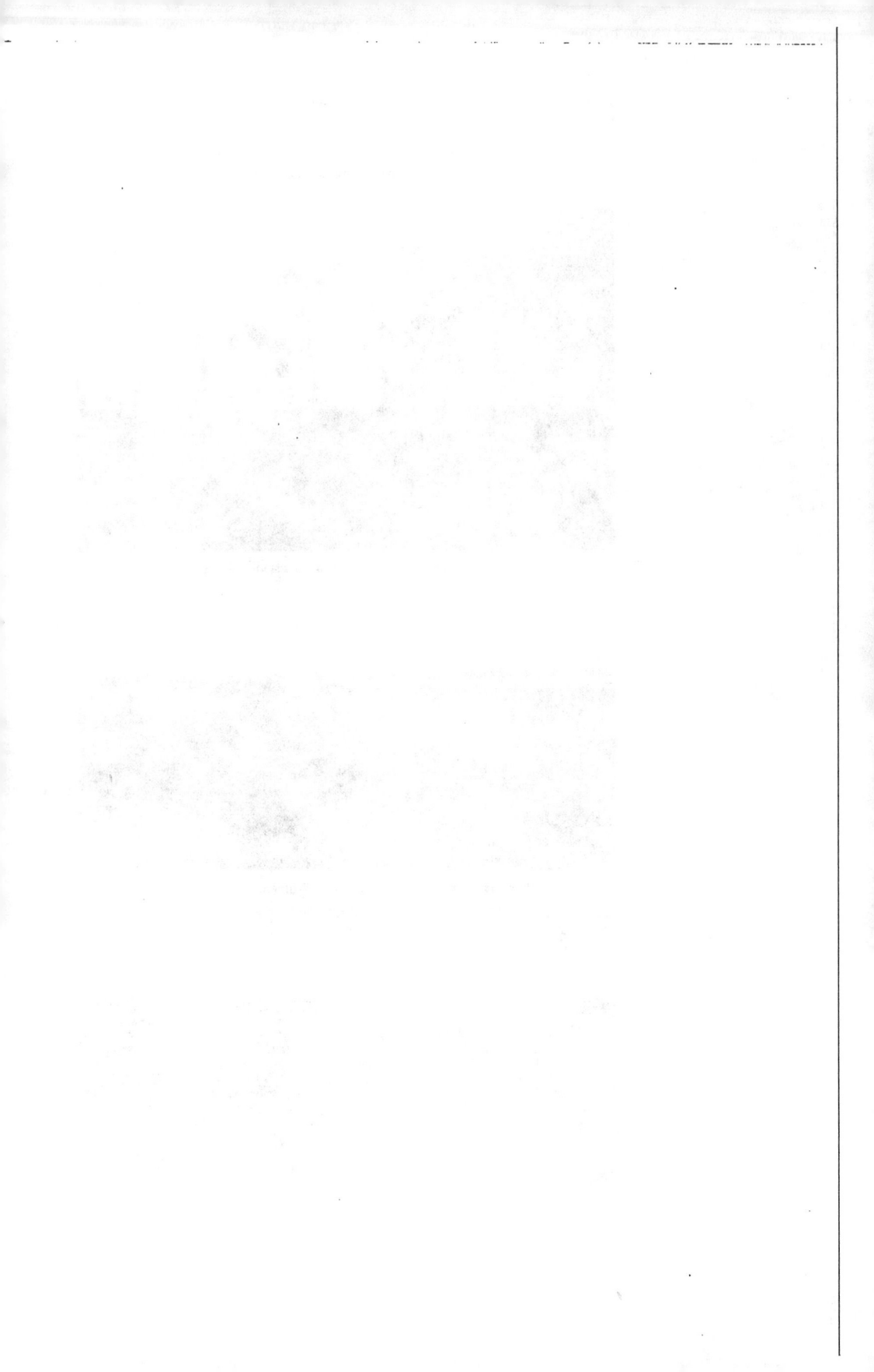

District de polders argileux :

Phot. 33.   Prairies bordant l'Yser, à Hoogstade. — Août 1909.

Phot. 34.   Champs entre Coxyde et Wulpen. — Août 1909

Phot. 35.   Le même paysage après une chute de neige. — Mars 1908.

portion maritime

Phot. 36.   Prairie voisine des dunes, à Coxyde. — Septembre 1909.

Phot. 37.   Saules (*Salix alba*) bordant un chemin entre Coxyde et   urnes.
Septembre 1908

Phot. 38.   Les mêmes après que les branches ont été enlevées
pendant le printemps de 1909.

District des polders argileux :

Phot. 39. La digue du Groote Schoor, en aval de Tamise. La dame de droite est au niveau de la laisse de la dernière marée haute (qui était une marée de morte eau); le jeune homme de gauche est au niveau du polder. La digue est plantée de Noyers (*Juglans regia*). — Mai 1908.

Phot. 40. Le Weel (étang) de Rupelmonde. A gauche, feuilles d'un Noyer planté sur la digue d'où la photographie a été faite. — Juin 1909.

portion fluviale.

Phot. 41. Fossé et prairies derrière la digue du Groote Schoor (qui se voit à gauche). Dans l'eau. *Stratiotes aloides* et Lemnacées. — Juin 1909.

Phot. 42. Fossé et prairie derrière le Groote Schoor. Dans l'eau, *Ranunculus aquatilis;* au bord, à droite, *Caltha palustris* — Juin 1909.

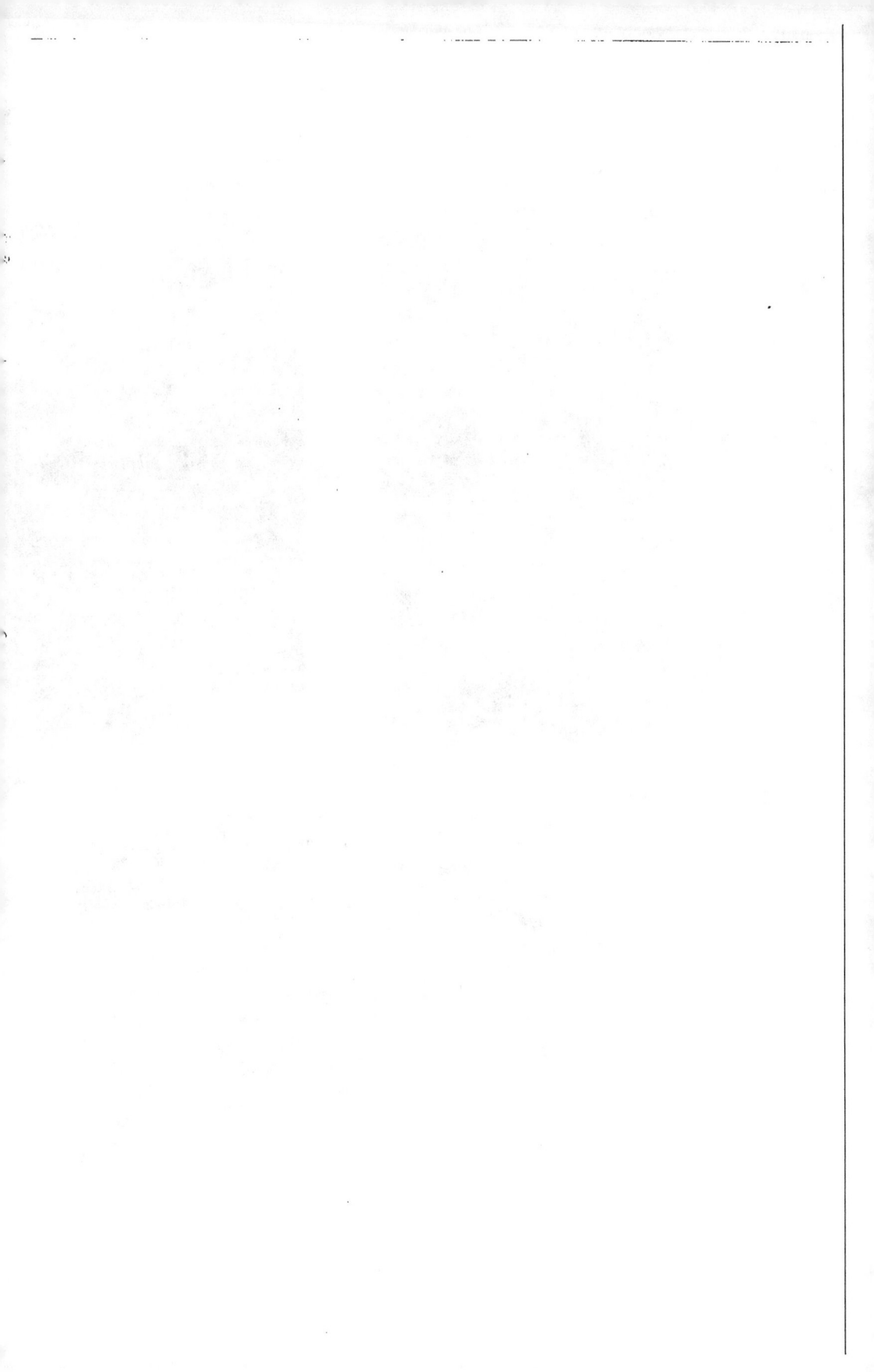

District des polders argileux : portion fluviale.

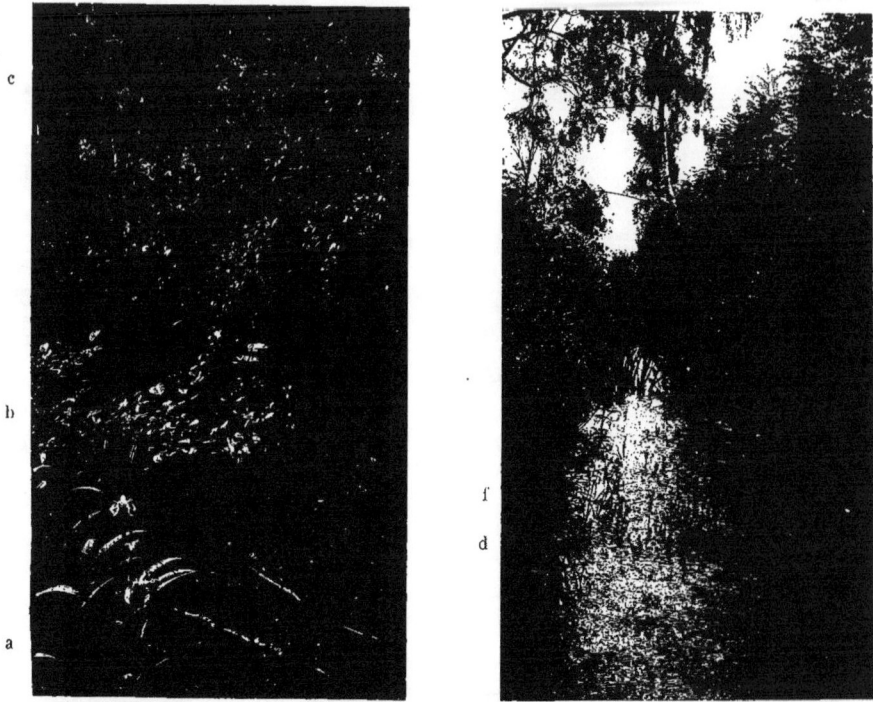

Phot. 43 et 44. Fossés et bosquets à Overmeire — a. *Iris Pseudo-Acorus.* — b. *Alnus glutinosa.* — c. *Fraxinus excelsior.* — d. *Carex acuta* — e. *Alisma Plantago* — f. *Hottonia palustris.* — g. *Betula alba.* — Juin 1909.

Phot. 45. Fossé et bosquets à Overmeire. Les arbres sont surtout des Chênes (*Quercus pedunculata*) et des Aunes (*Alnus glutinosa*). — Juin 1909.

District des polders sablonneux et des dunes internes.

Phot. 46. Aspect général des polders sablonneux à Westende, avec bruyères et champs de Seigle. — Août 1909.

Phot. 47. Aspect général des dunes internes à Adinkerke, avec *Populus monilifera* et *Cytisus scoparius*. — Avril 1908.

Phot. 48. Jardins maraîchers à Lombartzyde (entre Nieuport et Westende). Août 1909.

District flandrien.

Phot. 49. Champs et rangées de *Populus monilifera*, sur les côllines du pays de Waes, à Tamise. — Septembre 1907.

Phot. 50. Cultures maraîchères, à Wavre-Sainte-Catherine, près de Malines. — Juin 1909.

Phot. 51. Champs de Pommes de terre, à Baesrode, près de Termonde. — Septembre 1909.

District flandrien.

Phot. 52.   Pineraie sur sables et cailloux moséens, à Gheluvelt. — Août 1909.

Phot. 53.   Bruyère et petites dunes, dans le camp de Casteau, près de Mons. —
Juillet 1909.

Phot. 54.   Champs d'Asperges et de Seigle. A droite, colline diestienne avec pineraie
(voir phot. 69, 70, 71). A Wesemael, entre Louvain et Aerschot. — Juin 1906.

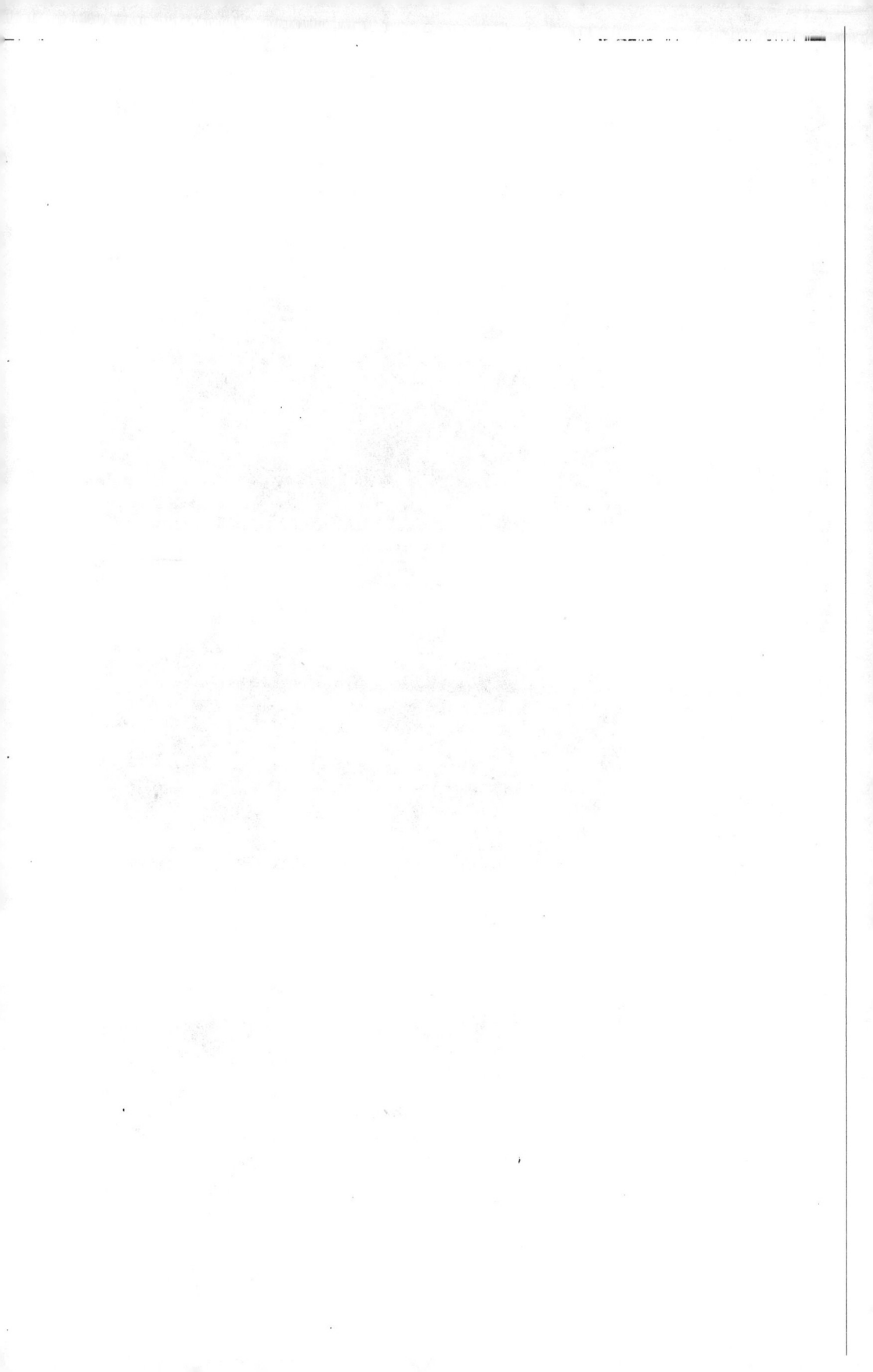

District flandrien : sable assez limoneux, près de Dixmude.

Phot. 55.   Champs de Maïs, Pommes de terre, etc., à Zarren. — Septembre 1908.

Phot. 56.   Champs de Froment, à Clercken. — Août 1904.

Phot. 57.   Ferme, champs, et rangées de *Quercus pedunculata*, à Woumen. Au loin, une chaîne de collines portant le village de Clercken. — Août 1907.

District flandrien : bois.

Phot. 58. Bois de *Larix decidua* (à gauche) et de *Quercus pedunculata* (à droite).
sur argile paniselienne, à Gheluvelt. — Août 1909.

Phot. 59. Bois de *Quercus pedunculata* et *Larix decidua*,
avec taillis de *Castanea vesca*, sur sables paniseliens,
à Bellem. — Avril 1905.

Phot. 60. Avenue de *Quercus pedunculata*, sur sables
ypresiens, dans la forêt de Houthulst, entre Poel-
capelle et Clercken. — Août 1908.

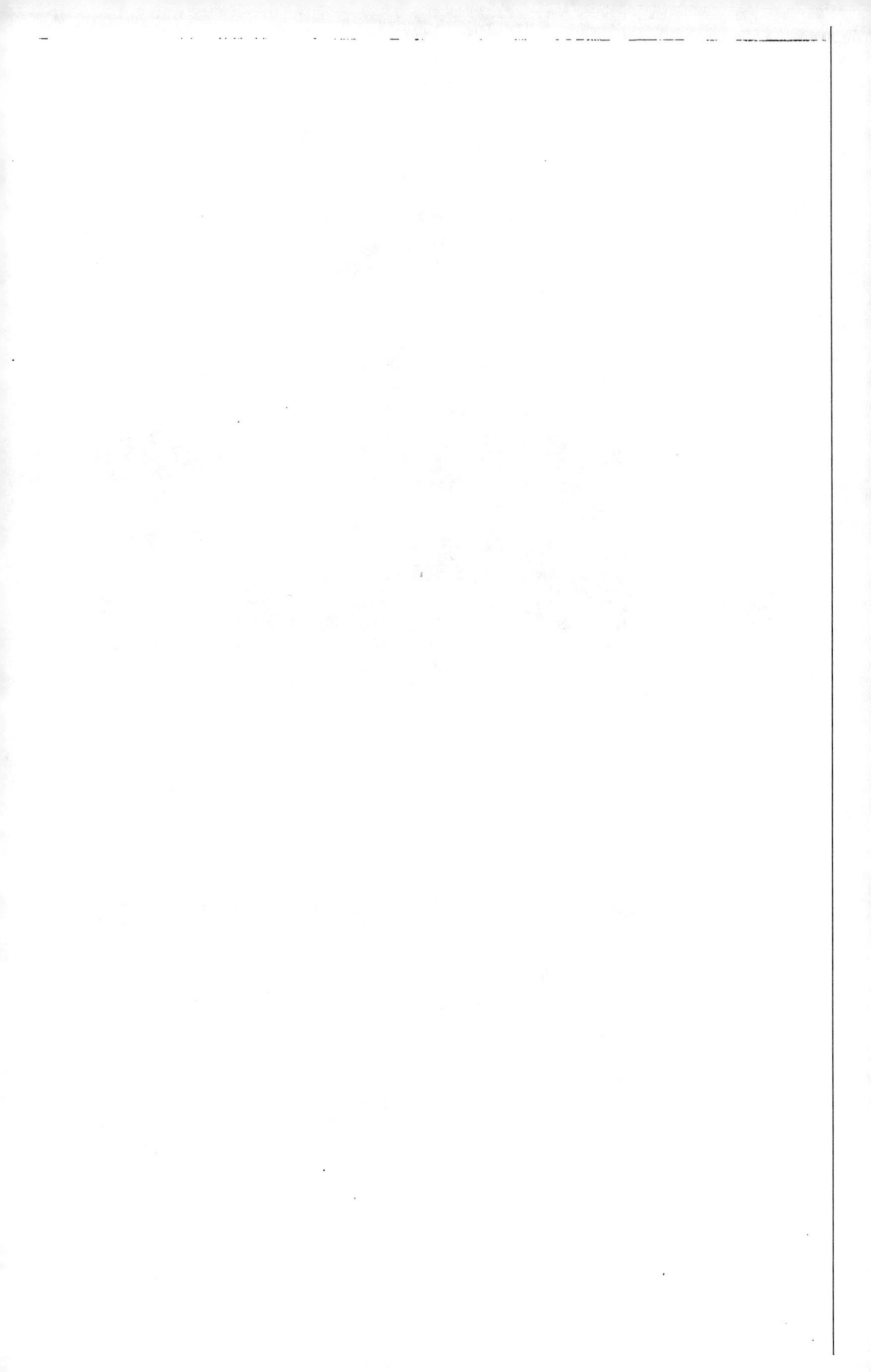

District flandrien, dans le Hainaut.

Phot. 61   Prairies marécageuses entre Saint-Ghislain et Wasmuel, sur Flandrien. —
Salix alba, Carex div. sp. — Octobre 1909.

Phot. 62.   Bruyère entre Blaton et Harchies. — Sables et grès landeniens. —
Calluna vulgaris. — Octobre 1909.

District campinien : bois.

Phot. 63.   Exploitation d'un bois de *Pinus sylvestris*, à Calmpthout. — Décembre 1909.
(Photo. M. C. Chargois.)

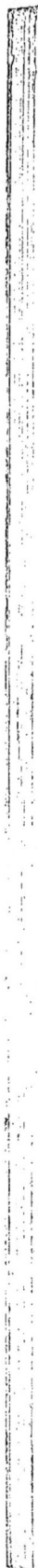

District campinien.

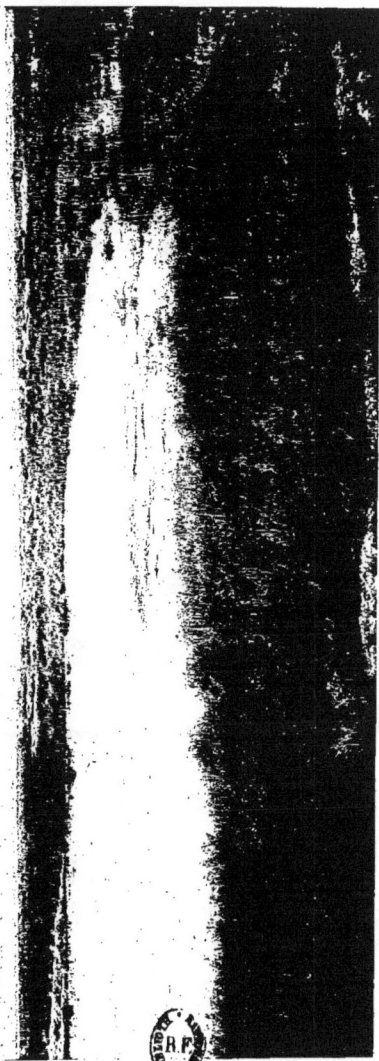

Phot. 64. Bruyères et mares à Calmpthout. A l'horizon, des bois de Pins sylvestres. — Décembre 1909.

(Phot. M. C. Chargois.)

Phot. 65. Plaine d'où le sable a été enlevé il y a une quinzaine d'années. La végétation n'a pas encore eu le temps de couvrir le terrain. Devant, dunes avec *Salix repens*. — A Calmpthout. — Décembre 1909.

(Phot. M. C. Chargois.)

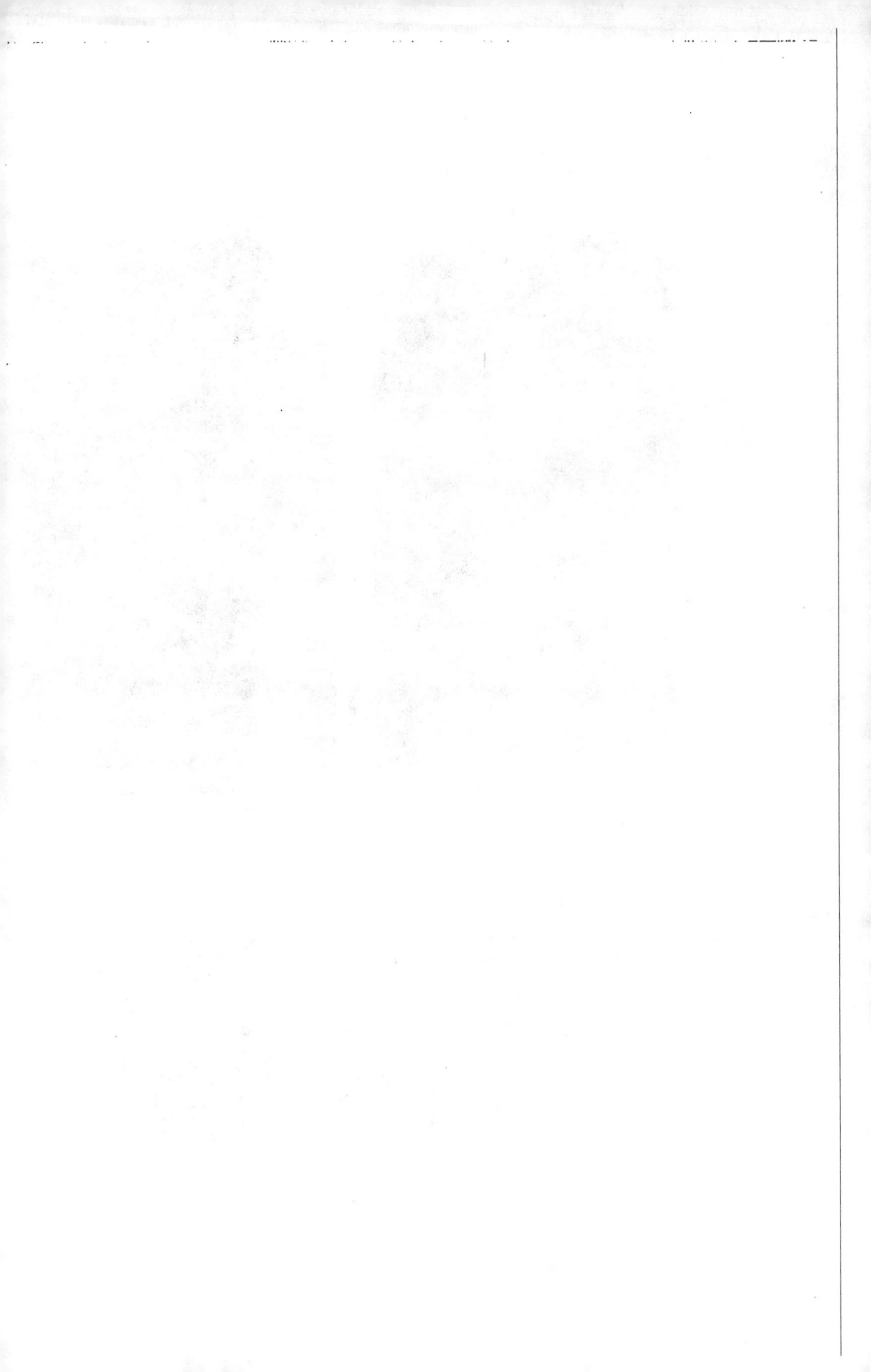

District campinien. Terrain moséen, à Genck.

Phot. 66. Coupe du sol montrant de haut en bas : terre végétale, sable pâle. tuf humique, sable foncé, cailloux. — Septembre 1909.

Phot. 67. Pineraie d'une quarantaine d'années sur sol contenant un banc de tuf humique. — Septembre 1909.

Phot. 68 Limite d'une bruyère (à droite) et d'une prairie (à gauche). — Juin 1907.

District campinien. Terrain diestien, entre Louvain et Aerschot.

Phot. 69   Coupe du terrain, montrant les bancs de grès. Sous les Pins sylvestres, *Deschampsia flexuosa*. A Gelrode. — Juin 1906.

Phot. 70.   Vue générale : des pineraies occupent les hauteurs où le Diestien est à nu. — Juin 1906.

Phot. 71   Bois de Pins sylvestres et de *Betula alba*, entre Wesemael et Gelrode. – Juin 1906.

District campinien :

Phot. 72   Étang dont le niveau est baissé depuis plusieurs années; bordure de *Carex div. sp.*, à Genck. — Mai 1907.

Phot. 73.   Étang qui a servi à une culture d'Avoine, à Genck. — Juin 1904

Phot. 74.   Mare partiellement comblée par des *Sphagnum*, bordée d'*Alnus glutinosa* et de *Salix aurita*, à Kinroy. — Août 1896.

Étangs et mares.

Phot. 75. Mares dans une bruyère marécageuse, entre Wuestwezel et Calmpthout. —
Avril 1905.

Phot. 76. Mare bordée de *Myrica Gale*, entre Wuestwezel et Calmpthout. —
Avril 1905.

Phot. 77 Étang bordé de *Myrica Gale* et d'*Eriophorum angustifolium*, à Genck —
Mai 1907.

District campinien :

Phot. 78. Marécage avec *Myrica Gale* et Bouleaux, entre Herenthals et Lichtaert. —
Septembre 1908.

Phot. 79. *Pinus sylvestris,* mal venants, dans le marécage de la photographie
précédente. — Septembre 1908.

Phot. 80. Tas de limonite des marais, dans une prairie marécageuse de la vallée
de la Nèthe, en amont de Herenthals. — Octobre 1908.

marécages.

Phot. 81. Mare desséchée avec *Rumex Hydrolapathum* (a) et *Sagittaria sagittifolia* (b). — A Kinroy. — Août 1896.

Phot. 82. Bruyère marécageuse. — a. *Calluna vulgaris*. — b. *Cladonia rangiferina*. — c. *Erica Tetralix*. — Au milieu, *Lycopodium inundatum*. — A Lichtaert. — Septembre 1908.

Phot. 83. Tas de tourbe fibreuse dans une prairie marécageuse de la vallée de la Nèthe, en amont de Herenthals. — Octobre 1908.

District campinien. Dunes.

Phot. 84. Dune mobile, envahissant un ruisseau, à Genck. — Mai 1908.

Phot. 85. Dunes avec *Pinus Pinaster*, *Betula alba* et petites touffes de *Corynephorus canescens*, à Lichtaert. — Septembre 1908.

Phot. 86. Dunes avec *Carex arenaria*, à Calmpthout. — Juin 1908.

District campinien. Dunes et bruyères.

Phot. 87. Dunes avec plantations de *Pinus Pinaster*, à Calmpthout. — Juin 1908.

Phot. 88. Bruyère humide. Au loin, la haute bruyère, à Genck. — Mai 1908.

Phot. 89. Haute bruyère, au nord de Genck : *Calluna vulgaris*. — Août 1896.

District campinien :

Phot. 90.   Étrépage de la bruyère humide, à Genck. — Mai 1907.

Phot. 91.   Prairies et champs dans une vallée, près de Genck; devant, petites dunes avec *Juniperus communis*. (Septembre 1909

Phot. 92.   Champs de Seigle et de *Spergula arvensis;* à droite, brise-vents en *Alnus glutnosa*. A Calmpthout. — Juin 1908.

Exploitation du sol.

Phot. 93.   *Pinus sylvestris,* champs de Seigle et rideau de *Quercus pedunculata.*
A Calmpthout. — Juin 1908.

Phot. 94.   Champs de Seigle, de Pommes de terre et de *Lupinus luteus,*
avec haies de Chênes, à Linckhout. — Juillet 1909

Phot. 95.   Chemin dans la bruyère, bordé de Chênes, à Kinroy. — Août 1896.

District hesbayen :

Phot. 96.   Coupe dans le Hesbayen. – a. Limon. — b. Cailloux. — Le ruisseau qui les a déposés avait raviné le sable bruxellien (c). — A Bruxelles.

Phot. 97.   Cultures sur Turonien (Crétacé) altéré, à Péruwelz. — Octobre 1909.

Phot. 98.   Champs de Froment bordés d'Ormes (*Ulmus campestris*), sur limon flandrien, à Bulscamp, dans le Métier de Furnes. — Août 1909.

nature du sol.

Phot. 99.   Bruyère avec Bouleaux (*Betula alba*) sur sables tongriens, dans la forêt de Soignes. — Septembre 1908.

Phot. 100.   Bois de Bouleaux et de Pins sylvestres, sur sables diestiens, à Renaix. — Septembre 1907.

Phot. 101   Bois sur schistes siluriens, dans la vallée de l'Ormeau. près de Gembloux. — Mai 1909.

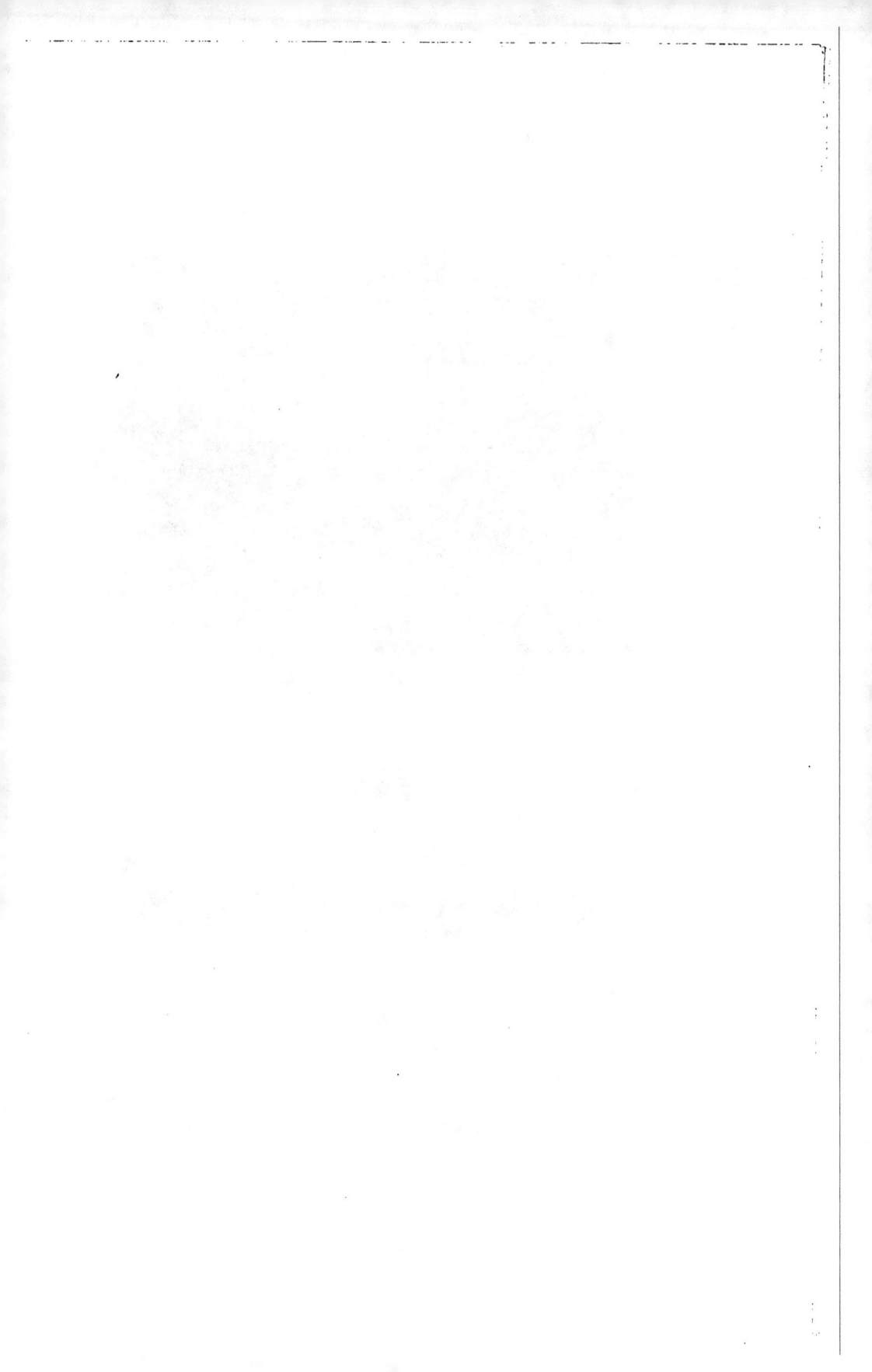

District hesbayen relations de la végétation

Phot. 102. Bois de Hêtres (*Fagus sylvatica*) sur un mélange de sables et d'argiles ypresiennes.

Phot. 103. Tourbière sur sables bruxelliens surmontant une couche imperméable d'argile ypresienne : *Alnus glutinosa, Salix aurita, Rhamnus Frangula*

avec le terrain, à Oisquercq. Octobre 1909.

Phot. 104. Talus avec Pins sylvestres sur sables bruxelliens : *Vaccinium Myrtillus, Pteridium aquilinum, Betula alba.*

Phot. 105. Bruyère sur sables bruxelliens : *Calluna vulgaris, Molinia coerulea, Betula alba.*

District hesbayen : formes du terrain.

Phot. 106.   La vallée de la Lasne, à Lasnes. — Devant, *Cytisus scoparius*. —
Octobre 1909.

Phot. 107.   Talus avec verger (Pommiers) sur marne heersienne, à Gelinden. —
Novembre 1909.

District hesbayen : vallées

Phot. 108.   Alluvions sableuses et peu fertiles, à Berg. — *Phragmites communis* de l'année précédente. — Mai 1909.

Phot. 109.   Alluvions limoneuses occupées par des prairies et des rangées de *Populus monilifera*, dans la vallée du Demer, à Diepenbeek. — Septembre 1909.

Phot. 110.   Étang de Saint-Denis. — *Phragmites communis* et Lemnacées flottantes. — Juillet 1909.

District hesbayen :

Phot. 111. Hétraie d'environ 30 ans; devant, un Hêtre porte-graines.
— Forêt de Soignes. — Septembre 1908.

Phot. 112. Hétraie d'environ 125 ans. — Forêt de Soignes. — Septembre 1908.

futaies.

Phot. 113.   Bois de Mélèzes (*Larix decidua*), sur le Mont Kemmel,
près d'Ypres. — *Pteridium aquilinum*. — Août 1908.

Phot. 114.   Bois de Pins sylvestres, dans la forêt de Soignes. —
Pteridium aquilinum. – Septembre 1908.

District hesbayen : sous-bois et clairières.

Phot. 115.   *Allium ursinum* dans un taillis d'*Alnus glutinosa*, à Heembeek,
près de Bruxelles. — Mai 1909.

Phot. 116.   *Cytisus scoparius* dans une clairière de la forêt de Soignes. —
Juin 1908.

Phot. 117.   *Anemone hemorosa* et *Oxalis Acetosella* dans un taillis de la forêt
de Soignes. — Avril 1909.

District hesbayen : chemins creux

Phot. 118. Chemin creux dans le sable bruxellien, à Oisquercq. — Juin 1909.

Phot. 119. Chemin creux dans le limon brabantien, à Heembeek,
près de Bruxelles. — Mai 1909.

District calcaire.

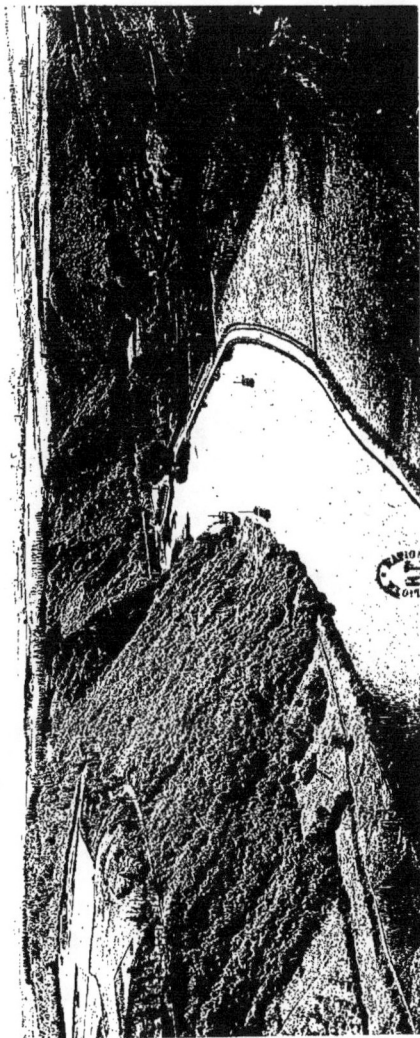

Phot. 126. Les bords de la Meuse en amont d'Anseremme (près de Dinant). Devant, schistes et psammites famenniens. Plus loin, calcaire waulsortien. Dans le fond de la vallée, prairies et vergers. Sur le plateau, champs et villages. — Mai 1909.

(Phot. M. C. Charlois.)

Phot. 127.   Les bords de l'Ourthe, à Sy. Calcaires frasniens. — Septembre 1909.

(Phot. M. C. Chargois.)

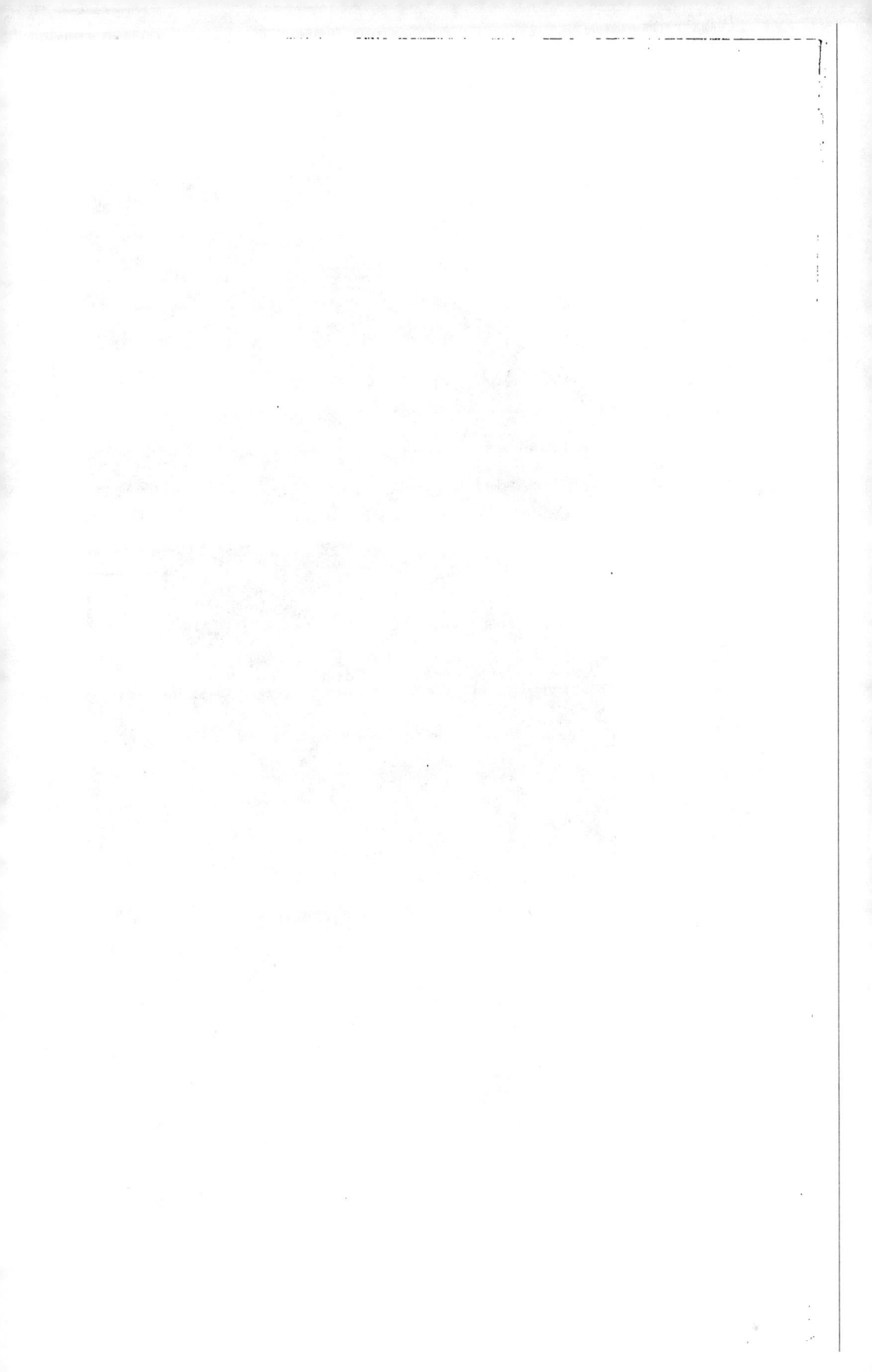

District calcaire : rochers calcaires.

Phot. 130.   Calcaires frasniens redressés, à Frdevoie, près d'Yvoir. — Juin 1909.

Phot. 129.   Plissements du Viséen, à Houx. — Avril 1908.

Phot. 128.   Plissements du Viséen, à Houx; devant, *Pinus Laricio*. — Juin 1908.

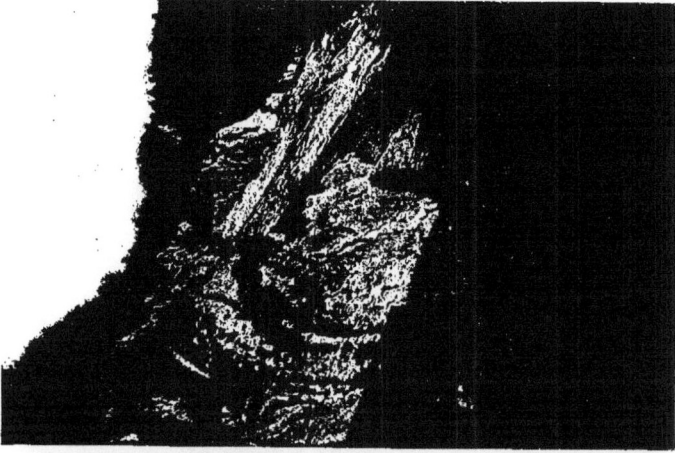

Phot. 133. Calcaire givetien bordant la Wamme, qui est complètement à sec, à Jemelle. — Novembre 1909.

Phot. 132. Calcaire waulsortien boisé, à Waulsort. — Juin 1908.

Phot. 131. Un tienne (voir phot. 146) : La Roche à Lomme, à Nismes, en calcaire frasnien; devant, petite carrière dans les schistes frasniens altérés. — Juin 1909.

District calcaire :

Phot. 134.   Falaise de calcaire viséen, au bord de la Meuse, à Samson. — Avril 1897.

Phot. 135.   Plissement du calcaire viséen, à Modave. — Juin 1907.

Phot. 136.   Dolomie caverneuse du Viséen, à Marche-les-Dames. — Juin 1907.

rochers calca

Phot. 137.   Falaise de dolomie viséenne; devant, jardins potagers. —
A Marche-les-Dames. — Février 1910.

Phot. 138.   Calcaire viséen redressé, à Malonne. — Mars 1907.

Phot. 139.   Coupe dans le calcaire givetien; sur le calcaire crevassé, l'argile
provenant de son altération. A Marennes. — Septembre 1909.

District calcaire : formes du terrain.

Phot. 140. Falaise en calcaire frasnien, surmontée de psammites famenniens formant une colline à pente douce. — Au bord de la Meuse, à Lustin. — Février 1909.

Phot. 141. Devant, escarpement en calcaire frasnien. Plus loin, colline arrondie en schistes famenniens. — A Fidevoie, près d'Yvoir. — Juin 1909.

District calcaire : terrains non calcaires.

Phot. 142. Exploitation de sable blanc (tegelenien ou aquitanien), à Naninne. — Novembre 1909.

Phot. 143. Vallée dans les schistes siluriens. Devant, prairies et vergers. — A Naninne. — Novembre 1909.

Phot. 144. Étang de Virelles, près de Chimay. Au delà, colline en schistes frasniens. A droite, *Phragmites communis*. — Juin 1909.

District calcaire :

Phot. 145. Plateau calcaire couvert de Campinien La dissolution du calcaire a
produit un aiguigeois (point d'engouffrement de l'eau). — A Marche-les-Dames.
— Février 1910.

Phot. 146. Plateau schisteux et calcaire. Les calcaires frasniens, givetiens et
couviniens ont mieux résisté à l'altération que les schistes frasniens et ils
forment des tiennes (collines rocheuses arrondies). — A Nismes. — Juin 1909.

Phot. 147 Plateau sur schistes frasniens ; à droite, calcaire givetien. —
A Jemelle. — Novembre 1909.

formes du terrain.

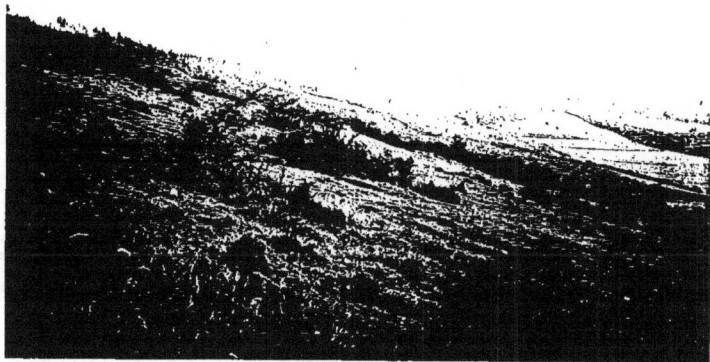

Phot. 148.   Coteau sur le calcaire givetien, entre Marche et Marenne. —
Septembre 1909.

Phot. 149.   Vallée dans les schistes frasniens, à Marenne. — Septembre 1909.

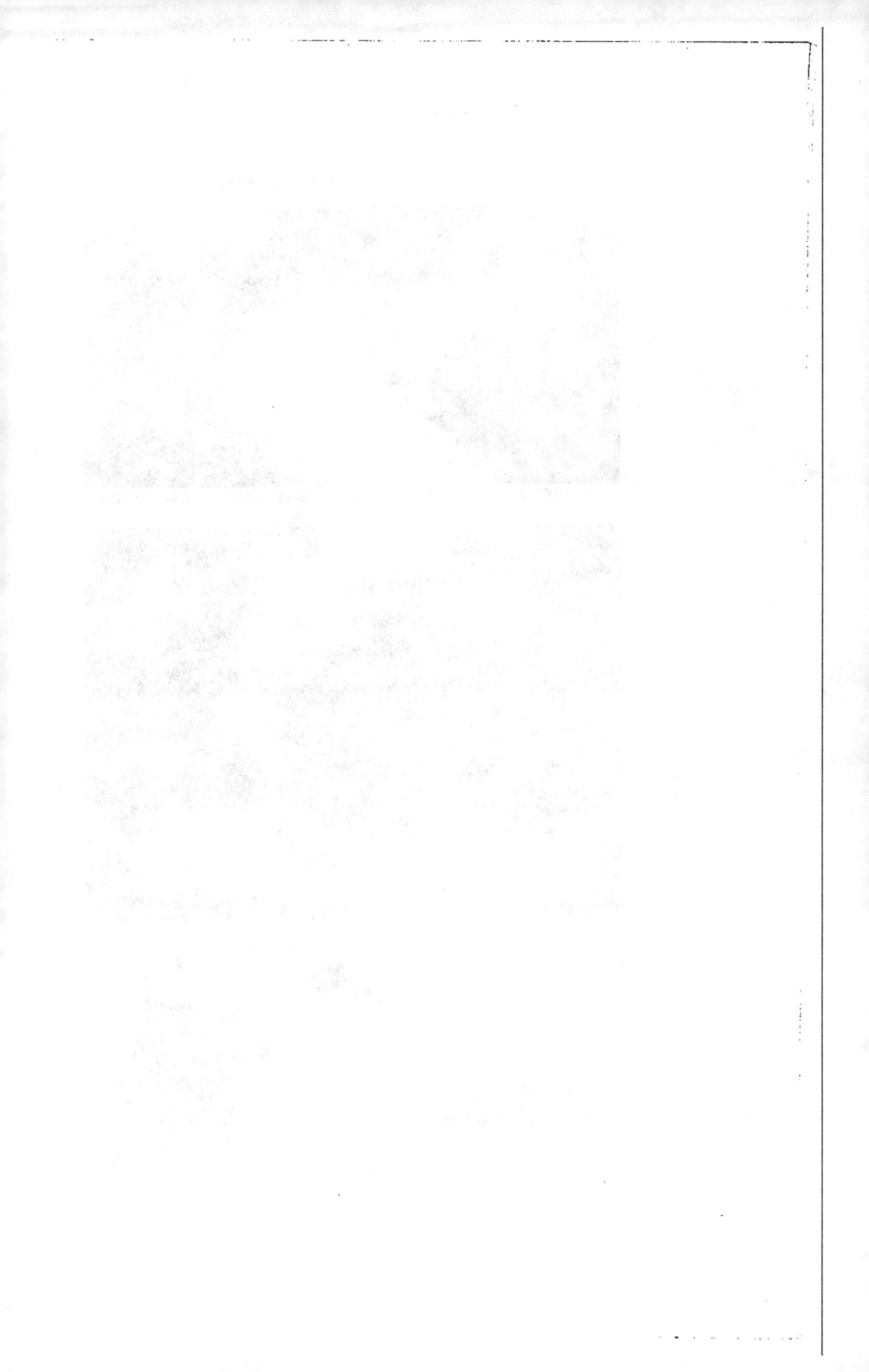

District calcaire : cours d'eau.

Phot. 150.   La Molignée à Falaën; dans l'eau, *Ranunculus fluitans.* — Juin 1908.

Phot. 151.   Le ruisseau de Saint Pierre, à Modave; *Corylus Avellana, Acer Pseudo-Platanus, Fraxinus excelsior.* — Juin 1907.

Phot. 152.   Cascade du Hoyoux, en aval de Modave, avec barrage de tuf calcaire : *Petasites officinalis, Fraxinus excelsior.* — Juin 1907.

District calcaire : schistes houillers.

Phot. 153.   *Betula alba*, à Maizeret, près de Samson. — Juillet 1909.

Phot. 154.   a. *Digitalis purpurea*. — b. *Rumex Acetosella*. — c. *Valeriana officinalis*.
A Houx. — Juin 1908.

District ardennais : vallées.

Phot. 135.   Vallée de l'Amblève, à Quareux. Blocs de quartzite dans la rivière et sur les bords. Les bois sont surtout des taillis de Chênes. — Septembre 1908.

(Phot. M. C. Chargois.)

Phot. 156. L'Ourthe, à Nadrin, avec les rochers roblenciens du Herou. — Septembre 1901.

(Phot. M. C. Chargois.)

District ardennais : ruisseaux.

Phot. 459. Vallée du Roannay, à Francorchamps; devant, fagne tourbeuse avec *Cirsium palustre*. — Juillet 1908.

Phot. 458. La Hoëgne à Sart, avec blocs de quartzite; *Alnus glutinosa*. — Juillet 1908.

Phot. 457. Le lit du Chefna dans le Gedinnien, en amont de la Chaudière de Sedoz, près de Renouchamps. — Août 1908.

District ardennais : bois.

Phot. 162. Bois de Pins sylvestres avec jeunes Epicéas. *Pteridium aquilinum.* — A Libin. — Juillet 1908

Phot. 161. Futaie de Chênes et de Bouleaux, avec taillis de Chênes et *Calluna vulgaris*, entre Bruly et Cul-des-Sarts. — Juin 1909.

Phot. 160. Avenue d'Epicéas dans le Hertogenwald. — Mai 1909.

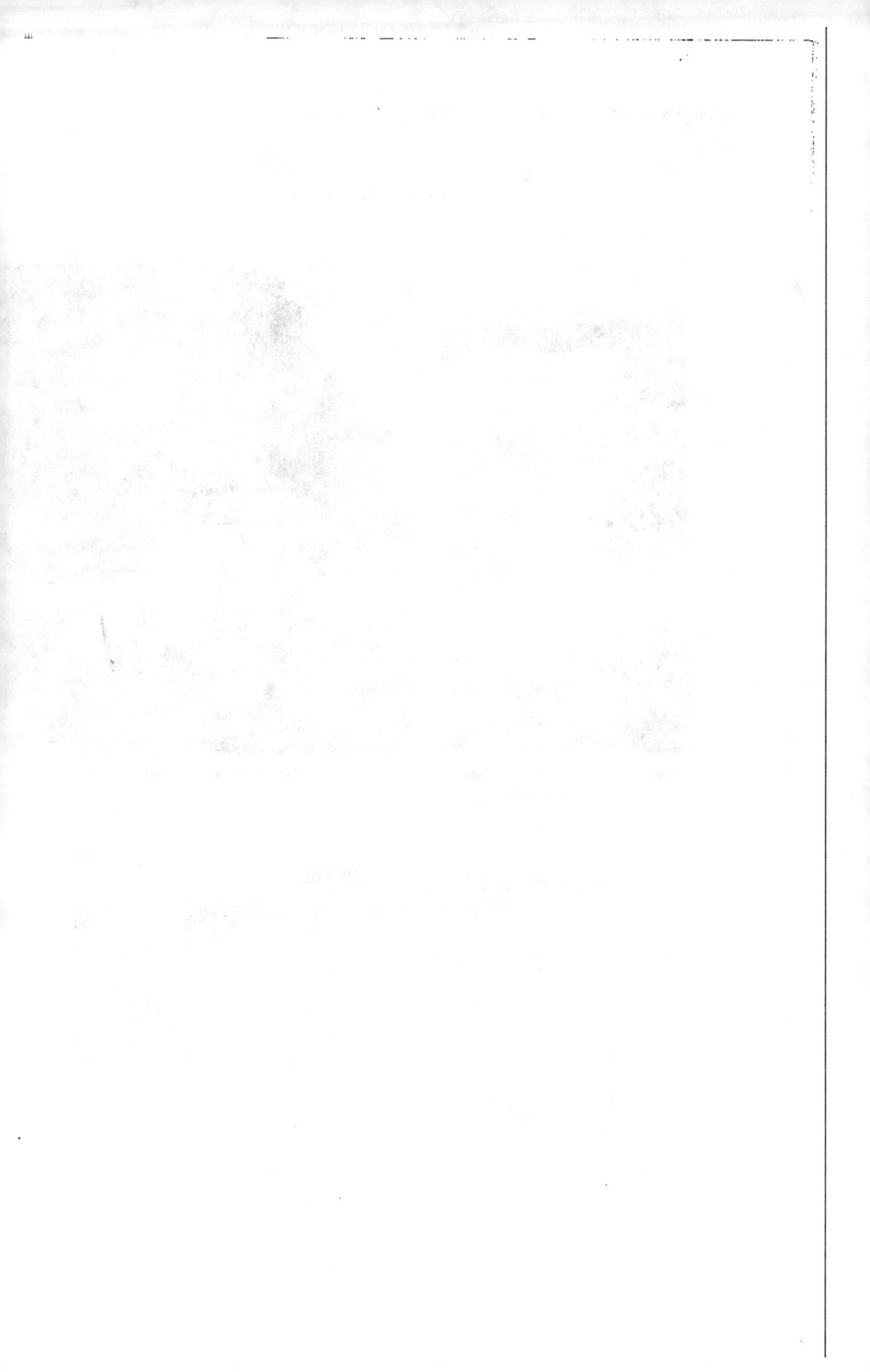

District ardennais : nature des terrains.

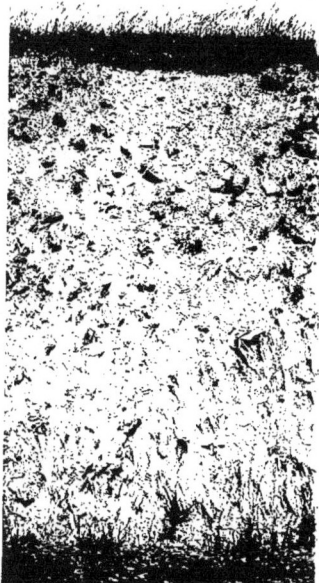

Phot. 163   Coupe dans les schistes
reviniens à désagrégation rapide.
— A Cul-des-Sarts. — Juin 1909.

Phot. 164.   Rocher coblencien, à Poix. — Juillet 1908.

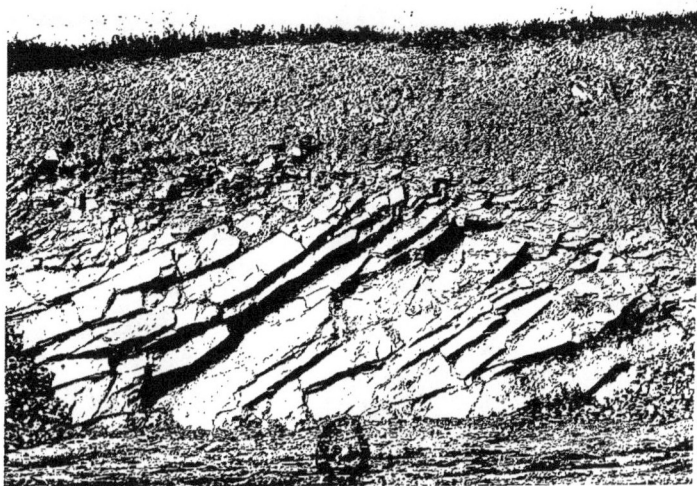

Phot. 165.   Coupe dans les phyllades et quartzites salmiens, à Vielsalm. —
Août 1908.

District ardennais : vallées.

Phot. 166. Bords du lac (artificiel) de la Gileppe, dans le Hertogenwald. Schistes gedinniens. — Septembre 1909.

Phot. 167. La Semois, à Botassart. — Juin 1907.
(Phot. de Mme Schouteden-Wery.)

Phot. 168. L'Ourthe occidentale, près du confluent des deux Ourthes. — Septembre 1909.
(Phot. de Mme Chargois.)

District ardennais : bois.

Phot. 169.   Taillis de Chênes à écorcer, près de Francorchamps. — Juillet 1908.

Phot. 170.   Hêtraie à régénération naturelle. A gauche, *Salix Caprea;* par terre, *Rubus Idaeus*. A Libramont.   Décembre 1909, par temps de givre.

Phot. 171.   Jeune bois d'Épicéas avec *Betula alba* et *Cytisus scoparius*. Au fond, hêtraie. A Libramont. — Décembre 1909, par temps de givre.

District ardennais : fagne de Rifontaine à Libramont.

Phot. 172. Fagne humide, avec *Salix aurita* et *Nardus stricta*. — Mai 1909.

Phot. 173. Fagne sèche avec *Calluna vulgaris* (à gauche) et *Cytisus scoparius* (à droite). — Mai 1909.

District ardennais :

Phot. 174.   Prairies dans le Val de Poix, près de Saint-Hubert;
devant, Épicéas. — Juillet 1908.

Phot. 175.   Prairies à pâturer (riézes), entre Bruly et Cul-des-Sarts.   Juin 1909.

Phot. 176.   Prairies à faucher, avec *Chrysanthemum Leucanthemum*, entre Bruly
et Cul-des-Sarts. — Juin 1909.

prairies et champs.

Phot. 177.   Prairie avec ruisseau bordé d'*Alnus glutinosa*, à Gospinal,
près de Sart. — Septembre 1909.

Phot. 178.   Vallée du Roannay, à Neuville, près de Francorchamps; devant
champ d'Avoine. — Juillet 1908.

Phot. 179.   Champs de Seigle avec *Pteridium aquilinum* et *Betula alba*, à Poix. —
Juillet 1908.

District subalpin : aspect général

Phot. 180. La Hoëgne dans les Hautes-Fagnes, à Hockai ; blocs de quartzite.
Alnus glutinosa. — Juillet 1908.

Phot. 181. Plateau de la Baraque-Michel — Mai 1909.

Phot. 182. Plateau des Tailles, avec fagne sèche. — Août 1908.

et plateau de la Baraque-Michel.

Phot. 183. Plateau de la Baraque-Michel; devant, silex de la craie. — Mai 1909.

Phot. 184. Le ruisseau Drossart et le plateau de la Baraque-Michel. — Mai 1909

Phot. 185. Plateau de la Baraque-Michel, avec *Eriophorum vaginatum*. — Mai 1909.

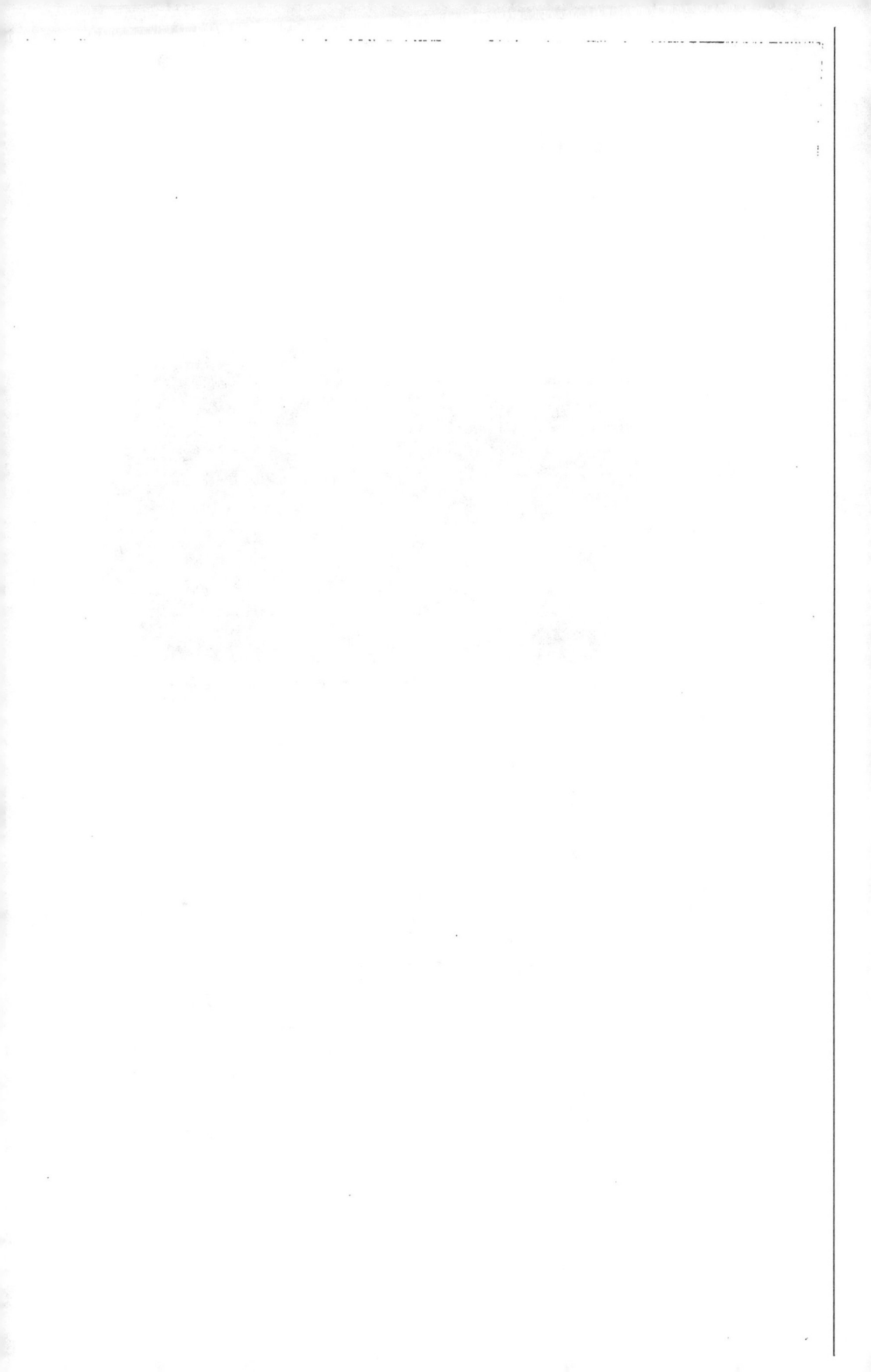

District subalpin : fagnes sèches.

Phot. 186.   Fagne à Cronchamps, près de Francorchamps : *Calluna vulgaris,*
Juniperus communis, Nardus stricta. Blocs de quartzite. — Septembre 1909.

Phot. 187.   Fagne à Malchamps, près de Francorchamps : *Pirus Malus,*
Juniperus communis. — Juillet 1908.

District subalpin : fagnes tourbeuses.

Phot. 188.   Chênes non encore feuillus, le 26 mai 1909, à Hockai.

Phot 189.   *Angelica sylvestris* et *Vaccinium uliginosum*, à Hockai. — Septembre 1909.

District subalpin :

Phot. 190. Ferme entre Francorchamps et Malmédy, avec haie d'Epicéas. — Août 1899.

Phot. 191. Ferme à Hockai, avec haie de Hêtres. — Août 1899.

Phot. 192. Pâturages à Cronchamps, près de Francorchamps. A droite, ferme avec haie de Hêtres. — Septembre 1909.

fermes et cultures.

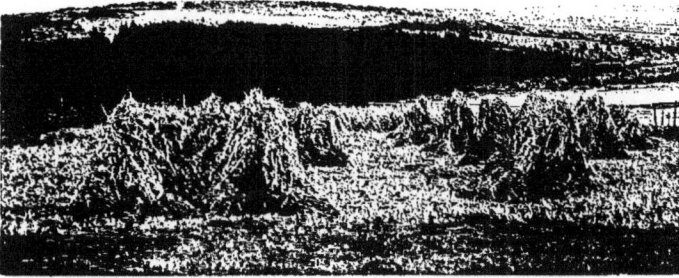

Phot. 193.   Champs d'Avoine non encore rentrée le 23 septembre 1909. Au loin.
bois et fagnes de la rive droite de la Hoëgne. — A Hockai.

Phot. 194.   Pâturages à Hockai, avec Épicéas.   Juillet 1908.

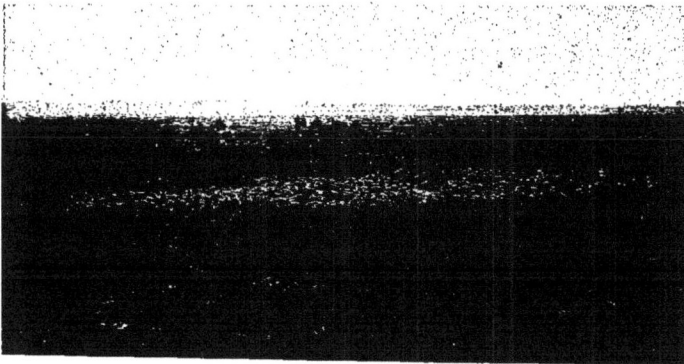

Phot. 195.   Récolte du *Sphagnum,* comme litière, dans la fagne du plateau
des Tailles. — Août 1908.

District Jurassique :

Phot. 196.　Coupe du calcaire de Longwy (Bajocien), à Torgny. — Juin 1909.

Phot. 197.　Coupe du macigno d'Aubange (Virtonien), à Dampicourt. — Juin 1909.

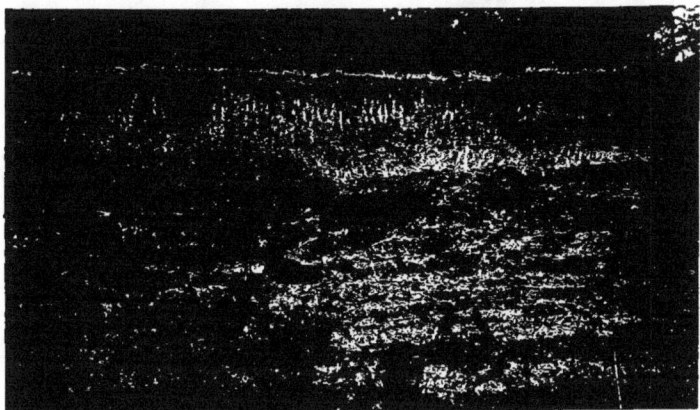

Phot. 198.　Coupe du calcaire sableux de Florenville (Sinémurien) surmonté
de marne de Strassen (Sinémurien), à Bonnert. — Juin 1909.

nature des terrains.

Phot. 199.   Coupe de la marne de Strassen
(Sinémurien) avec bancs de calcaire argileux,
à Bonnert. -- Juin 1909.

Phot. 200.   Coupe des sables, limons et cailloux
pléistocènes, à Rulles. -- Novembre 1909.

Phot. 201.   Tourbières sur les alluvions de la vallée de la Semois; à droite, colline
en grès calcaire sinémurien, à Vance. — Juin 1909.

District jurassique :

Phot. 202.   Pelouse sur le calcaire de Longwy (Bajocien). Au loin, le bois de Guéville. —
A Torgny. — Juin 1909.

Phot. 203.   Coteaux avec champs en terrasses, sur le macigno d'Aubange (Virtonien),
entre Messancy et Sélange. — Juin 1909.

Phot. 204.   Champs en terrasses, sur le macigno d'Aubange (Virtonien). —
A Sélange. — Juin 1909.

formes du terrain.

Phot. 205. Coteau boisé sur le calcaire sableux de Florenville (*Sinémurien*). —
A Buzenol. – Juin 1909.

Phot. 206. Dunes sur le sable virtonien. — A Stockem, près d'Arlon. —
Calluna vulgaris broutés. — Juin 1909.

Phot. 207. Prairies sur les alluvions sableuses de la vallée du Ton, entre Dampicourt
et Virton. — Juin 1909.

District Jurassique :

Phot. 208. Bois de Hêtres, à régénération naturelle, sur les schistes d'Ethe
(Virtonien), à Sélange. — Juin 1909.

Phot. 209. Bois de Chênes, à régénération naturelle, sur les schistes d'Ethe
(Virtonien), à Sélange. — Juin 1909.

bois.

Phot. 210   Bois de Hêtres et de Chênes, sur la marne de Grandcourt (Toarcien) altérée, à Athus. — Juin 1909.

Phot. 211.   Taillis sur le macigno d'Aubange (Virtonien) altéré : *Salix caprea, Pteridium aquilinum, Rubus fruticosus, Angelica sylvestris*. — A Hondelange. — Juin 1909.

District jurassique : bois

Phot. 212.   Futaie mélangée, sur sable virtonien, à Stockem. — Juin 1909.

Phot. 213.   Jeune plantation de *Pinus Strobus* sur alluvions tourbeuses, entre Toernich et Châtillon.   Juin 1909.

Phot 214.   Drainage d'un fond tourbeux, pour la plantation d'Épicéas, à Stockem. — Juin 1909.

et cultures.

Phot. 215.   Vergers, sur marne de Jamoigne (Hettangien), à Tontelange. —
Juin 1909.

Phot. 216.   Prairies sur alluvions limoneuses, à Attert. — Juin 1909.

Domaine intercotidal.

Phot. 221. *Porphyra laciniata* et *Enteromorpha compressa*, à la limite inférieure de la zone des *Porphyra*. Estacade de Nieuport. — Septembre 1909. ($^1/_2$ g. n.)

Phot. 222. *Fucus platycarpus* et *Enteromorpha compressa*, à la limite supérieure des *Fucus*. Estacade de Nieuport (comparer avec phot. 3). — Août 1909. ($^1/_4$ g. n.)

Domaine intercotidal.

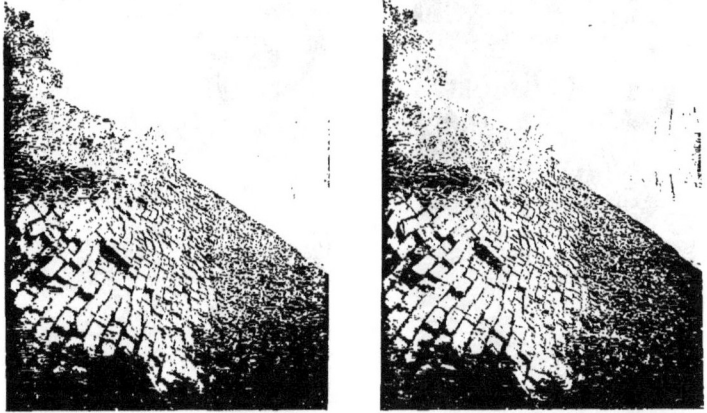

Phot. 223. Mur de quai, à marée basse, dans le port de Nieuport. En bas, *Fucus vesiculosus*. Plus haut, sur les briques paraissant nues, des Diatomées. Plus haut, sur la terre, *Agropyrum pungens*. — Septembre 1909.

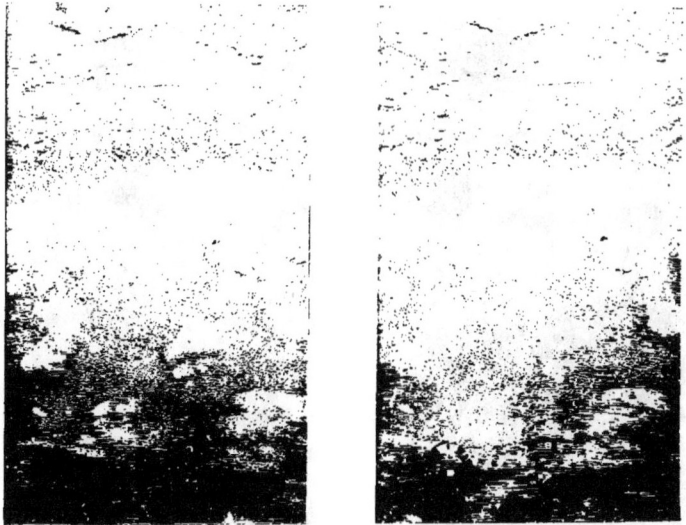

Phot. 224. Bulles d'oxygène dégagées par des Diatomées, au fond d'une flaque sur la plage, à Coxyde. — Septembre 1909.

District des dunes littorales.

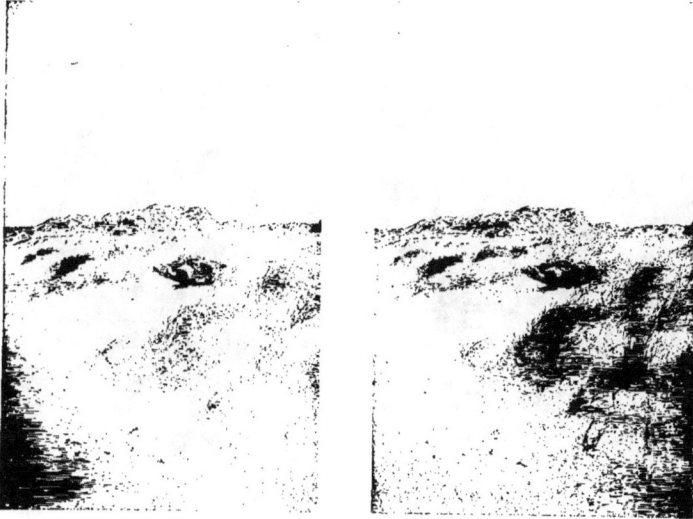

Phot. 225. Petites dunes sur la plage, avec *Agropyrum junceum*. Au milieu, une grosse souche de *Pinus sylvestris*, provenant d'un banc sous-marin de tourbe. A Coxyde. — Septembre 1909.

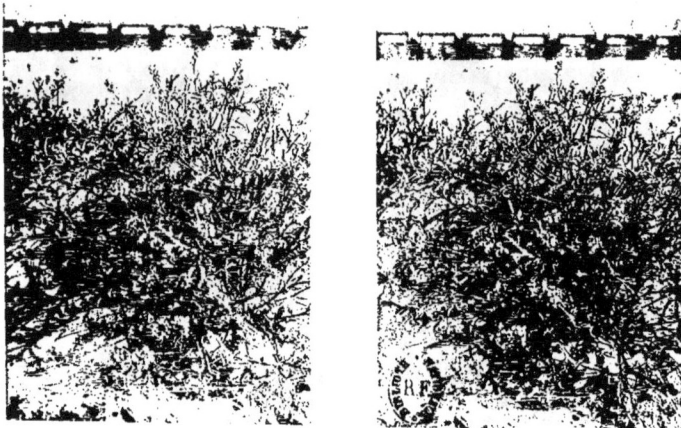

Phot. 226. Petite dune sur la plage, avec *Cakile maritima*, à Nieuport. — Août 1909.

District des dunes littorales :

Phot. 227.   *Ammophila arenaria* déchaussés et repoussant sur les anciens rhizomes ;
devant, *Euphorbia Paralias*. — A Coxyde. — Août 1909.

Phot. 228.   *Salix repens* partiellement enfouis sous le sable, à Coxyde. —
Septembre 1909.

dunes mobiles.

Phot. 229. *Eryngium maritimum;* devant, *Arenaria peploides.* A Nieuport. — Août 1909.

Phot. 230. *Inocybe rimosa.* Entre les Champignons, feuilles de *Festuca rubra arenaria.* — A Coxyde. — Septembre 1909. ($1/3$ g. n)

District des dunes littorales :

Phot. 231.

Phot. 232.

a. *Schoenus nigricans.* — b. *Rhinanthus major* en fleurs et en fruits. — c. *Pyrola rotundifolia.* — d. *Parnassia palustris.* — e. *Salix repens.* — f. *Equisetum variegatum.* — g. *Herminium Monorchis.* — Août 1909.

pannes humides, à Coxyde.

Phot. 233.

Phot. 234.

a. *Salix repens.* — b. *Carlina vulgaris.* — c. *Paxillus involutus.* — d. *Tricholoma album.* — e. *Helianthemum Chamaecistus.* — f. *Hygrophorus conicus.* — g. *Cirsium acaule.* — Septembre 1909.

District des dunes littorales :

Phot. 235. a. *Viola canina.* — b. *Lotus corniculatus.* — *Galium verum.* Dans le Terrain Expérimental. — Août 1909.

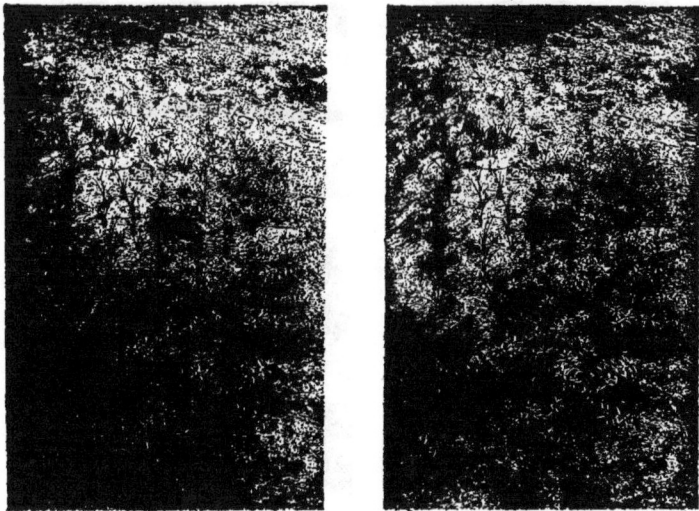

Phot. 236. *Hippophaës rhamnoides* et *Carex arenaria.* Une racine de *Hippophaës* a été arrachée pour montrer le drageonnement. — Août 1909.

pannes sèches, à Coxyde.

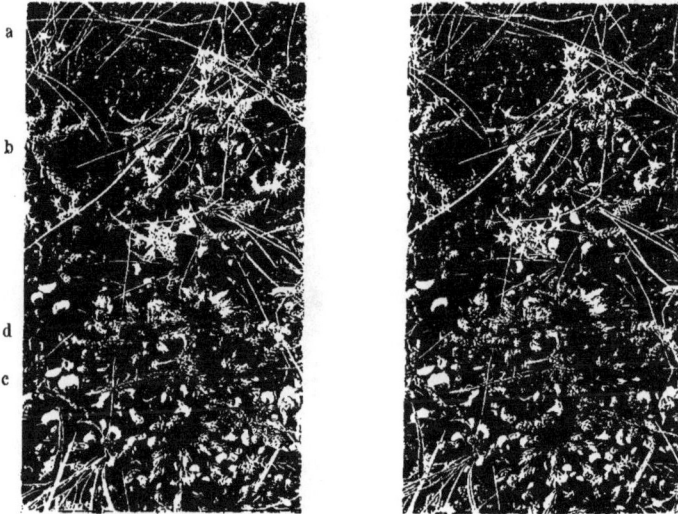

Phot. 237. a. *Hypnum cupressiforme.* — b. *Sedum acre*, en fruits. — c. *Peltigera canina*, avec apothécies. — d. *Climacium dendroides ;* un exemplaire a été déterré pour montrer le rhizome. — Août 1909. ($^1/_2$ g. n.)

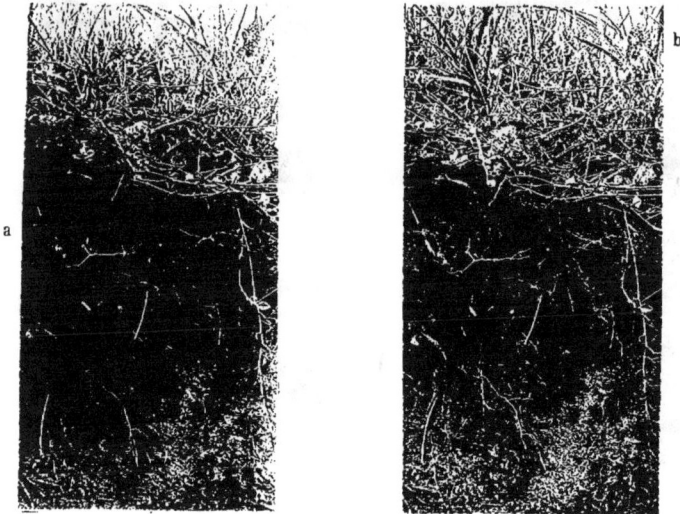

Phot. 238. a. *Thesium humifusum* en partie déterré pour montrer les suçoirs. — b. *Thymus Serpyllum.* — Août 1909. ($^1/_4$ g. n.)

District des dunes littorales :

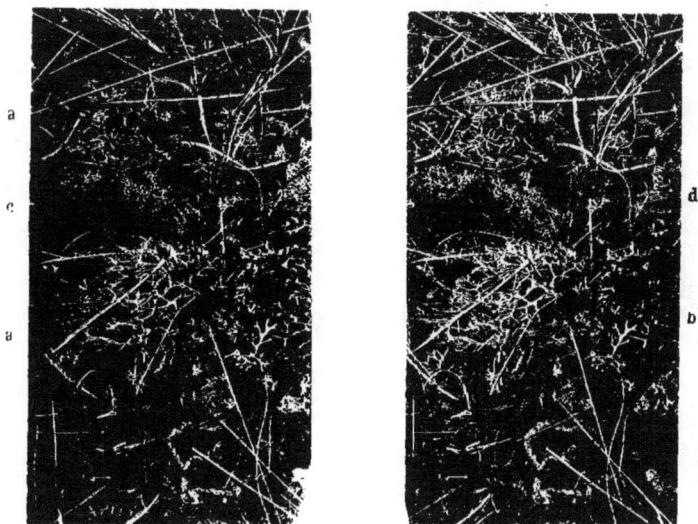

Phot. 239. a. *Letharia arenaria*. — b. *Parmelia physodes*. — c. *Cladonia rangiformis*. — d. *Urceolaria scruposa*. — Août 1909. ($^1/_2$ g. n.)

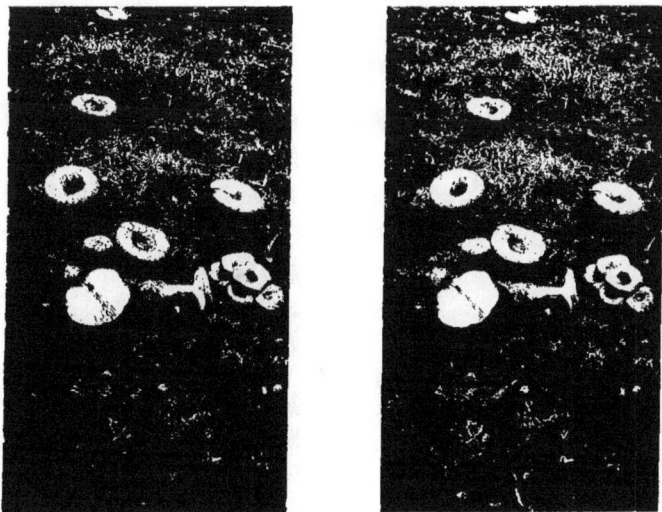

Phot. 240. *Clitocybe cyathiformis*. Entre les Champignons, *Festuca ovina* rongé par les Lapins. — Septembre 1909. ($^1/_3$ g. n.)

pannes, à Coxyde.

Phot. 241. Sporanges de *Spumaria alba* sur *Ammophila* et sur *Hieracium umbellatum*, dans le Terrain Expérimental. — Septembre 1909. ($^1/_2$ g. n.)

Phot. 242. *Nostoc commune* et *Tortula ruralis ruraliformis*, qui ont été mouillés par la pluie dans la moitié inférieure et qui ont été abrités dans la moitié supérieure. Dans le Terrain Expérimental. — Septembre 1909. ($^1/_2$ g. n.)

District des dunes littorales : dunes fixées du Terrain

Phot. 243.   *Hieracium umbellatum* et *Epipactis latifolia*. — Août 1909.

Phot. 244   *Bryonia dioica*, ne fleurissant jamais. Plus haut, *Festuca rubra arenaria*
et *Populus monilifera*. — Août 1909.

Expérimental du Jardin Botanique de l'État, à Coxyde.

Phot. 245. a. *Ononis repens maritima*, avec grains de sable collés aux poils glanduleux. — b. *Jasione montana*. — c. *Galium Mollugo*. — d. *Asperula Cynanchica*. — e. *Viola tricolor*. — Août 1909. ($^1/_3$ g. n.)

Phot. 246. Versant méridional d'une dune. — a. *Oenothera Lamarckiana*, naturalisé. — b. *Rubus caesius*. — c. *Asparagus officinalis*. — Août 1909.

District des dunes littorales :

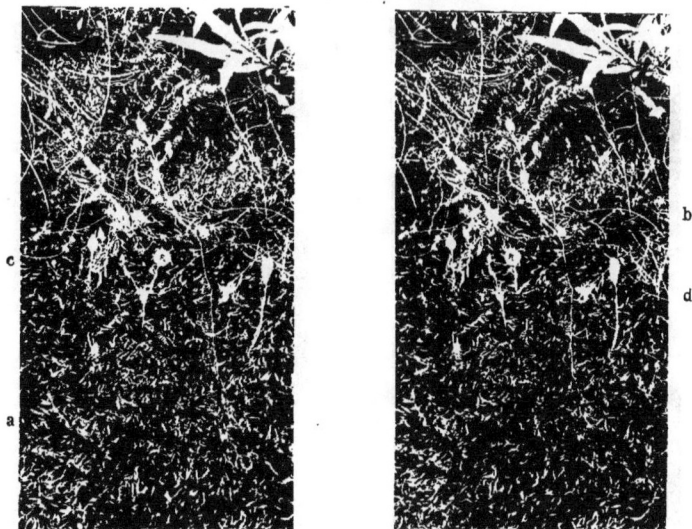

Phot. 247. a. Tapis de *Camptothecium lutescens* avec plantes printanières. — b. *Arenaria serpyllifolia*. — c. *Silene conica* (dont un exemplaire a été déraciné). — d. *Phleum arenarium*. — Août 1909. (¹/₅ g. n.)

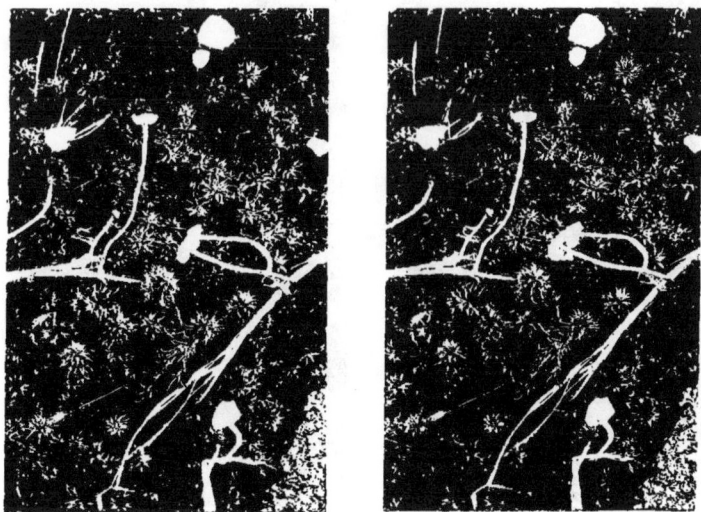

Phot. 248. Tapis de *Tortula ruralis ruraliformis* mouillés (et ouverts), avec *Marasmius caulicinalis*. — Septembre 1909. (⁴/₄ g. n.)

dunes fixées.

Phot. 250. Tapis de *Tortula ruralis ruraliformis* avec *Dictyolus muscigenus.* — Septembre 1909. ($^1/_2$ g. n.)

Phot. 249 Tapis de *Tortula ruralis ruraliformis*, secs (et fermés) avec *Tulostoma mammosum* et jeunes *Erodium cicutarium.* — Septembre 1909. ($^1/_5$ g. n.)

District des dunes littorales :

Phot. 251.   Rond de sorcières de *Marasmius Oreades*, dans un pâturage,
à Oostduinkerke. — Septembre 1909.

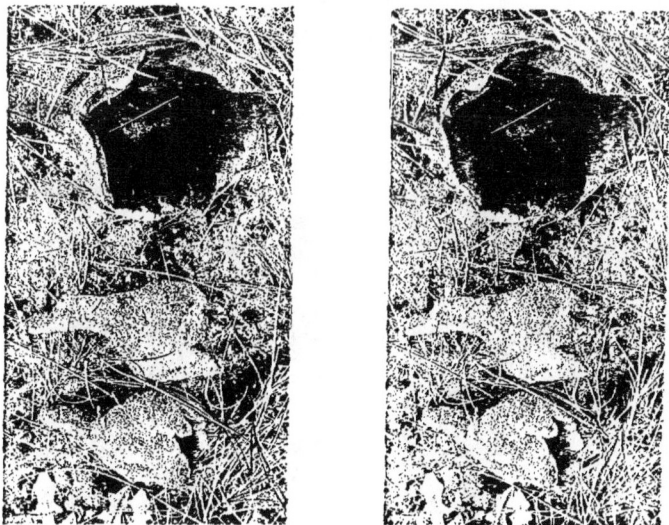

Phot. 252.   *Sarcosphaera sepulta* dans un pâturage, à Coxyde. —
Septembre 1909. (¹⁄₂ g. n.)

dunes fixées et cultures.

Phot. 253. Champ de Pommes de terre, à Coxyde, avec *Brassica nigra*. — Août 1909.

Phot. 254. Jardin maraîcher, à Coxyde. — a. *Marcurialis annua*. — b. *Solanum nigrum*. — c. *Chenopodium album*. — Août 1909.

District des dunes littorales :

Phot. 255. *Lycopsis arvensis* avec écidies de *Puccinia Rubigo vera* dans un jardin maraîcher, là Coxyde. — Septembre 1909.

Phot. 256. Petit bois à la limite des dunes et des polders, à Coxyde. — a. *Fraxinus excelsior.* — b. *Prunus spinosa.* — Août 1909.

cultures et bois.

Phot. 257. Champignons dans un taillis d'*Alnus incana*, à Coxyde. — a. *Gomphidius viscidus*. — b. *Boletus granulatus*. — Septembre 1909.

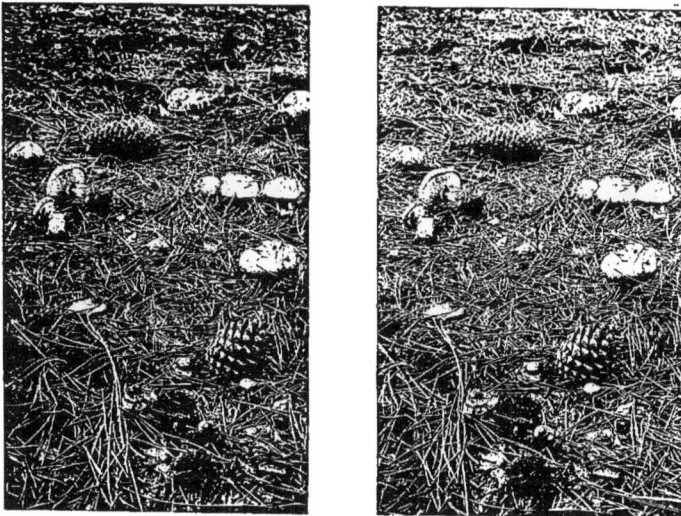

Phot. 258. Champignons dans une pineraie, à Coxyde. Devant, près du cône de *Pinus Pinaster, Hebeloma versipellis;* près du cône de *P. sylvestris, Boletus luteus.* — Septembre 1909.

District des alluvions marines :

Phot. 259. Slikke avec *Enteromorpha compressa*. Devant, schorre avec *Aster Tripolium* et *Triglochin maritima*. - Septembre 1909.

Phot. 260. Marigot dans le schorre. A droite, *Atriplex portulacoides*. — Septembre 1909.

estuaire de l'Yser, à Nieuport.

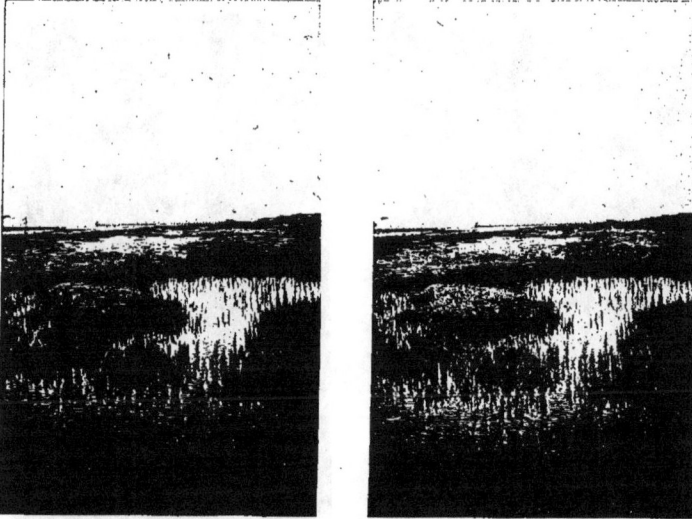

Phot. 261.   Fosse sur le schorre à végétation rase, avec *Salicornia herbacea* dressés. —
Août 1909.

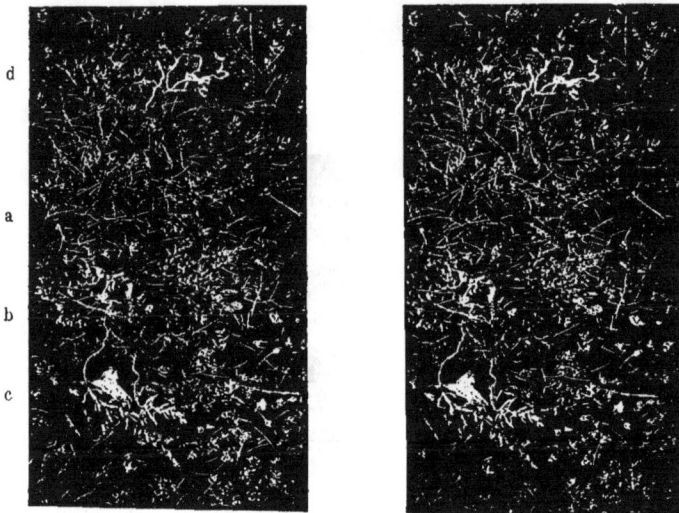

Phot. 262.   Schorre à végétation rase. — a. *Atropis maritima*. — b. *Suaeda
maritima*. — c. Une plante de *Suaeda maritima* et une plante de *Salicornia
herbacea* déracinées. — d. Exemplaires desséchés d'*Enteromorpha intestinalis*
apportés par la marée. — Août 1909.

District des alluvions marines :

Phot. 263. Végétation bordant une rigole. — a. *Atriplex portulacoides.* —
b. — *Aster Tripolium.* — Septembre 1909.

Phot. 264. Végétation du schorre. — a. *Triglochin maritima.* — b. *Statice
Limonium.* — c. *Salicornia herbacea.* — d. *Plantago maritima.* — e. *Suaeda
maritima.* — Août 1909.

estuaire de l'**Yser**, à **Nieuport**.

Phot. 265. Végétation à la limite du schorre (près de la petite fille) et de la dune (près du petit garçon). — a. *Armeria maritima*. — b. *Agropyrum acutum*. — Août 1909.

Phot. 266. Végétation de la partie basse de la photographie 265. — a. *Juncus Gérardi*. — b. *Glaux maritima*. — c. *Carex distans*. — d. *Erythraea pulchella*. — Août 1909.

District des alluvions fluviales :

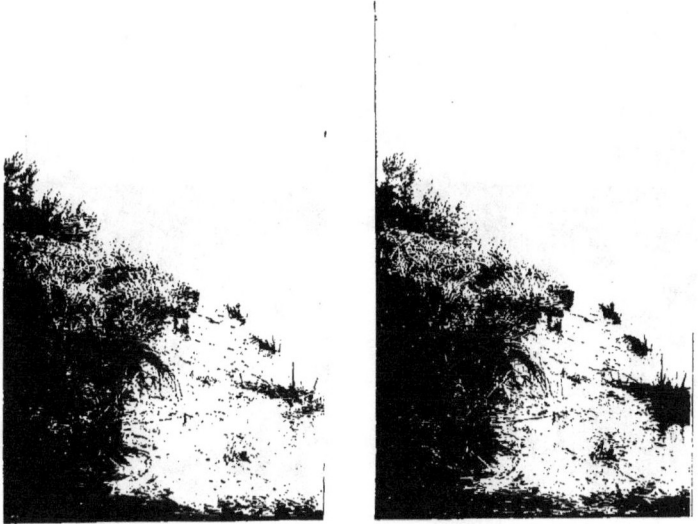

Phot. 267. Alluvions de la rive gauche de l'Escaut, à Moerzeke,
avec *Eleocharis palustris*. — Septembre 1909.

Phot 268. Alluvions de la rive droite de l'Escaut, à Buggenhout. — a. *Glyceria
aquatica*. — b. *Alisma Plantago*. — Septembre 1909.

rives de l'Escaut, en aval de Termonde.

Phot. 269. *Scirpus triqueter*, sur les alluvions de l'Escaut, à Buggenhout. — Septembre 1909.

Phot. 270. *Phragmites communis* au bord d'un petit affluent de l'Escaut, à Moerzeke. — Septembre 1909.

District des polders argileux :

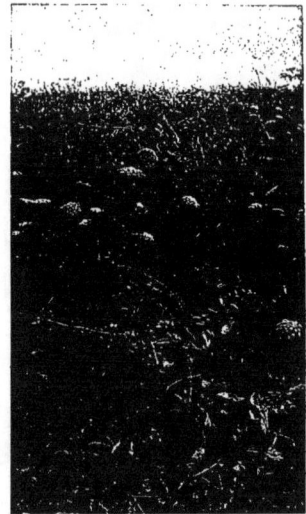

Phot. 271. Digue entre le schorre (phot. 264) et les polders, près de Nieuport. — a. *Beta maritima.* — b. *Daucus Carota.* — c. *Pastinaca sativa.* — Août 1909.

Phot. 272. Digue ancienne à Sint-Jan-in-Eremo. — a. *Senecio erucaefolius.* — b. *Agrimonia Eupatoria.* — c. *Achillea Millefolium.* — d. *Chrysanthemum Leucanthemum.* — Août 1909.

digues et eaux saumâtres.

Phot. 273.   Bords d'un canal avec eau saumâtre, à Nieuport. *Apium graveolens* et *Agropyrum pungens.* — Août 1909.

Phot. 274.   Bords d'une crique, avec eau saumâtre, à Sint-Jan-in-Eremo. *Scirpus maritimus, Aster Tripolium*; dans l'eau, *Enteromorpha intestinalis.* — Août 1909.

District des polders argileux :

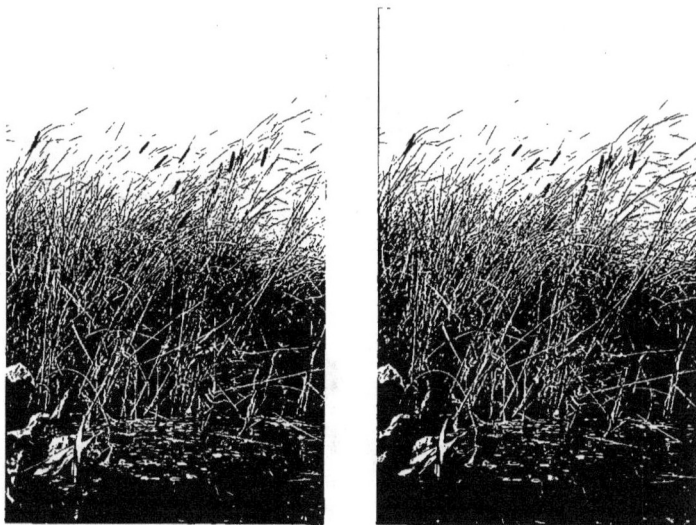

Phot. 275. Bord d'une prairie flottante dans le Blanckaert, à Woumen.
Typha angustifolia. — Août 1909.

Phot. 276. Bord d'une prairie flottante dans le Blanckaert, à Woumen —
a. — *Sium latifolium*. — b. *Alisma Plantago*. — Août 1909.

eaux douces.

Phot. 277.

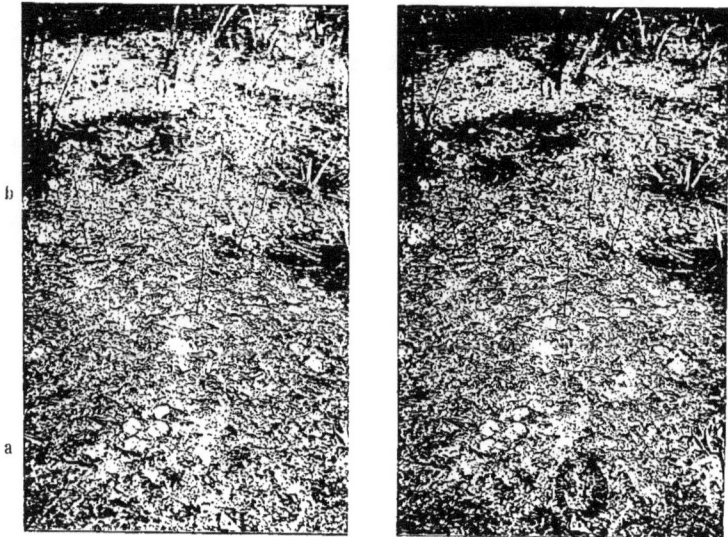

Phot. 278.

Fossés derrière le Groote Schoor (voir ph. 39, 41, 42). — a. *Hydrocharis Morsus-Ranae* et Lemnacées. — b. *Hottonia palustris*. — c. *Sparganium ramosum*. — Juin 1909.

District des

Phot. 279.

Phot. 280.

Fossés derrière le Groote Schoor (voir ph. 39, 41, 42). — a. *Stratiotes aloides*
et Lemnacées. — b. *Iris Pseudo-Acorus.* — Juin 1909.

polders argileux.

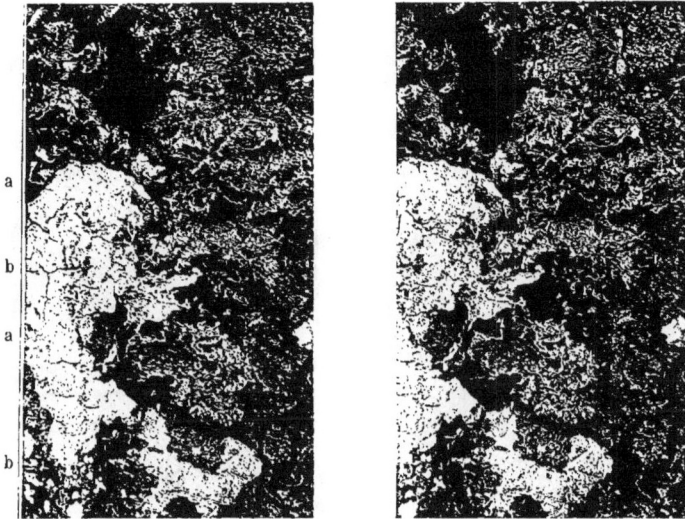

Phot. 281. Lichens sur un tronc de *Populus monilifera*, à Coxyde. — a. *Ramalina evernioides*. — b. *Catolechia canescens*. — Septembre 1909.

Phot. 282. Phanérogames sur un têtard de *Salix alba*. — a. *Sambucus nigra*. — b. *Arrhenatherum elatius*. — Dans les grandes moeres, à Adinkerke. — Septembre 1909.

District des polders argileux :

Phot. 283.   Végétation d'un champ de Féveroles (*Vicia Faba*), à Coxyde. —
a. *Polygonum Convolvulus*. - b. *Equisetum arvense*. — c *Anagallis arvensis*.
— Août 1909.

Phot. 284.   Végétation d'une oseraie (culture de *Salix viminalis*), à Moerzeke (en
aval de Termonde). — a. *Calystegia sepium*. — b. *Polygonum mite*. — c. *Lysima-
chia vulgaris*. — d. *Glyceria aquatica*. — Septembre 1909.

District des polders sablonneux.

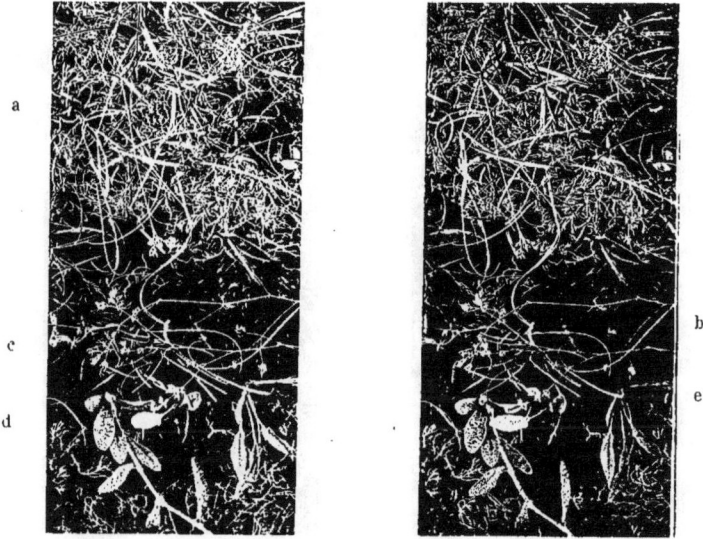

Phot. 285. Végétation dans la bruyère, à Westende. — a. *Cladina sylvatica.* — b. *Dicranum scoparium.* — c *Ornithopus perpusillus* — d. *Hieracium Pilosella.* — e. *Rumex Acetosella.* — Août 1909.

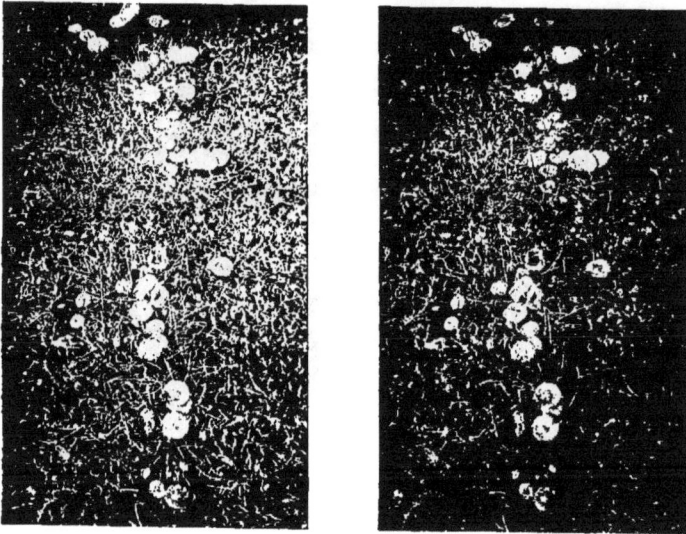

Phot. 286. Portion d'un rond de sorcières de *Marasmius Oreades*, à Lombartzyde. — Septembre 1909.

District flandrien : marécages.

Phot. 287. Bruyère marécageuse, à Gheluvelt, sur Paniselien. — a. *Equisetum sylvaticum*. — b. *Erica Tetralix*. — c. *Drosera rotundifolia*. — d. *Potentilla sylvestris*. — Août 1909.

Phot. 288. Marécage, à Gheluvelt, sur Mosécn. — a. *Myrica Gale*. — b. *Salix repens*. — c. *Narthecium ossifragum*. — Août 1909.

District flandrien.

Phot. 289. Végétation d'une bruyère, près de Casteau (Hainaut). — a. *Agrostis vulgaris.* — b. *Jasione montana.* — c. *Aira caryophyllea.* — d. *Hieracium Pilosella.* — Juin 1909.

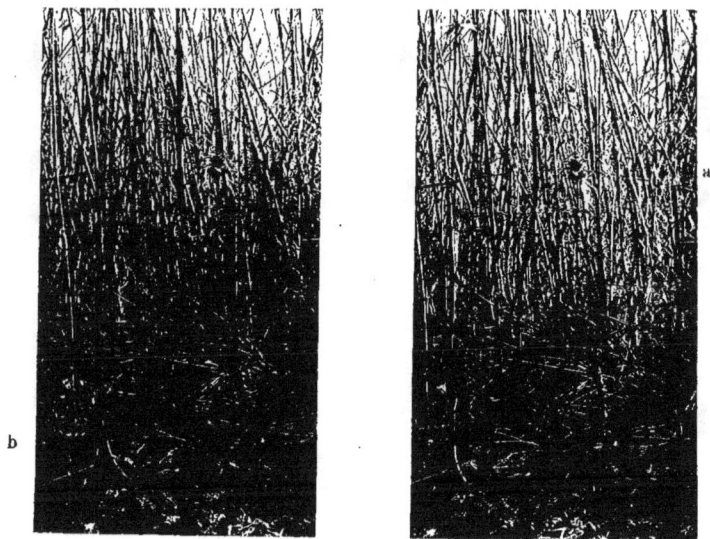

Phot. 290. Flore messicole d'un champ de Seigle, à Gheluvelt, sur Moséen. — a. *Galeopsis ochroleuca.* — b. *Arnoseris minima.* — Août 1909.

District flandrien :

Phot. 291.   Bois de *Pinus sylvestris* avec sous-bois de *Fagus sylvatica*. —
Septembre 1909.

Phot. 292.   Bois de *Pinus sylvestris* avec sous-bois de *Eupatorium cannabinum* (a),
Epilobium parviflorum (b) et *Rubus fruticosus* (c). — Septembre 1909.

bois à Thourout.

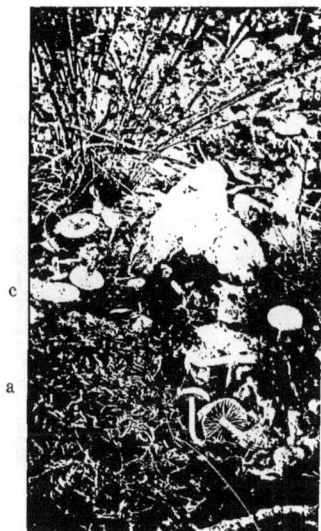

Phot. 293. Bois de *Fagus sylvatica*. — a. *Hypnum purum*. — b. *Polytrichum
formosum*. — c. *Lactarius mitissimus?* — d. *Boletus sp.* attaqué par *Hypomyces
chrysospermus*. — e. *Laccaria laccata*. — f. *Molinia coerulea*. — Septembre 1909.

Phot. 294. Bois de *Pinus sylvestris*. — a. *Boletus variegatus*. — b. *Polytrichum
formosum*. — c. *Molinia coerulea*. — Septembre 1909.

District flandrien :

Phot. 295. Bois de *Pinus sylvestris* sur argile paniselienne. — a. *Equisetum sylvaticum*. — b. *Rubus fruticosus*. — A Gheluvelt. — Août 1909.

Phot. 296. Bois varié sur argile paniselienne. — a. *Fraxinus excelsior*. — b. *Castanea vesca*. — c. *Equisetum maximum*. — d. *Eupatorium cannabinum*. — A Gheluvelt. — Août 1909.

bois.

Phot. 297. Talus d'une fosse creusé dans l'argile paniselienne. — a. *Molinia coerulea*. — b. *Mnium hornum*. — c. *Pellia epiphylla*. — d. *Inocybe calospora*. — A Thourout. — Septembre 1909.

Phot. 298. Bord d'un chemin dans un endroit qui a été boisé. — a. *Quercus pedunculata*. — b. Le même avec *Oidium*. — c. *Molinia coerulea*. — d. *Calluna vulgaris*. — A Thourout. — Septembre 1909.

District campinien : étangs desséchés

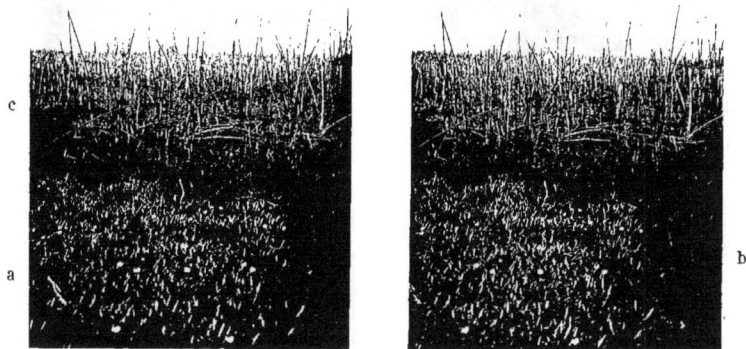

Phot. 299. a. *Echinodorus ranunculoides*. — b. *Pilularia globulifera*. — c. *Scirpus lacustris;* on voit sur les vieilles tiges le niveau de l'eau pendant l'hiver : tout ce qui dépassait la glace a été détruit.

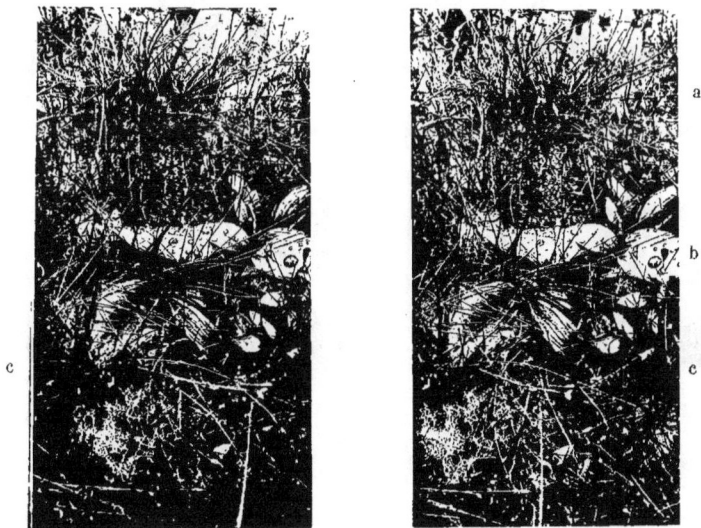

Phot. 300. a. *Juncus supinus*. — b. *Potamogeton polygonifolius*. — c. *Scirpus setaceus*.

à Genck, en septembre 1909.

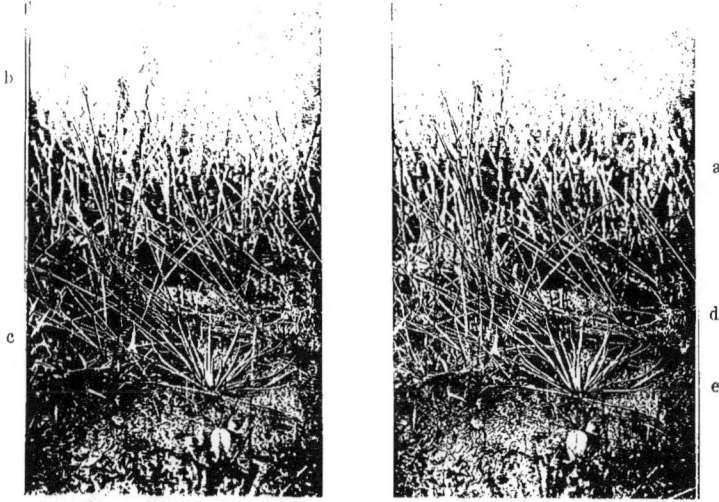

Phot. 301. a. *Eleocharis palustris.* — b. *Lobelia Dortmanna.* — c. *Veronica scutellata.* — d. *Juncus supinus* attaqué par *Livia juncorum* — e. *Littorella uniflora.*

Phot. 302. a. *Lobelia Dortmanna.* — b. *Epilobium palustre.* — c. *Juncus Tenageia.* — d. *Microcala filiformis.* — e. *Carex flava Oederi.*

District campinien :

Phot 303. *Sphagnum cymbifolium* fructifié, à Linckhout. — Juillet 1909.

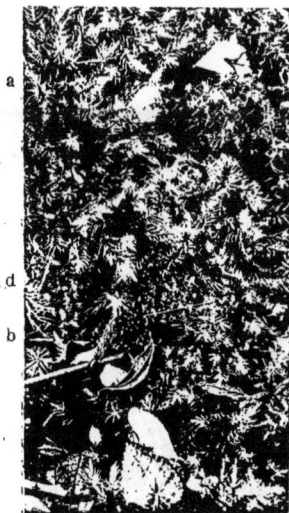

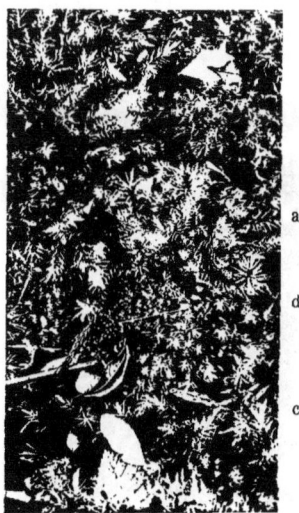

Phot. 304. a. *Aulacomnium palustre.* — b. *Polytrichum commune.* —
c. *Hypnum Schreberi.* -- d. *Calypogeia Trichomanis* avec propa-
gules. — Entre Turnhout et Arendonck. — Octobre 1909.

marécages.

Phot. 305. a. *Salix cinerea.* — b. *Myrica Gale.* — c. *Calla palustris.* — d. *Hydrotyle vulgaris.* — e. *Lotus uliginosus.* — A Genck. — Juin 1909.

Phot. 306. a. *Myrica Gale.* — b. *Andremeda poliifolia.* — c. *Vaccinium Oxycoccos.* — A Genck. — Juin 1909.

District campinien.

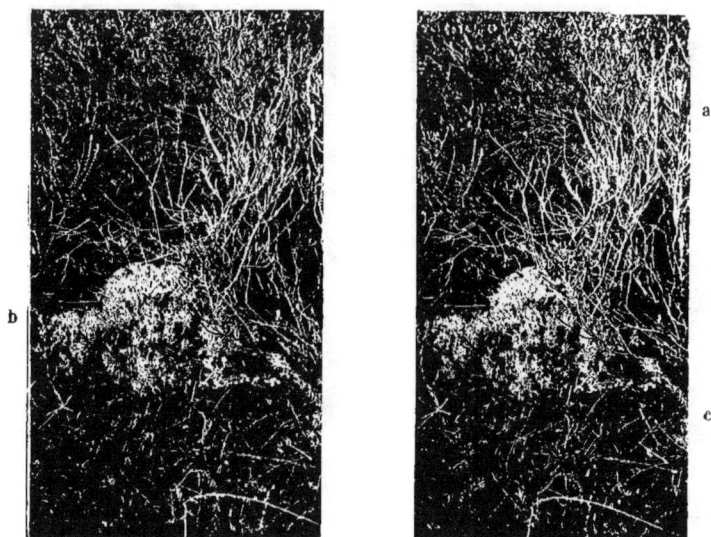

Phot. 307. a *Calluna vulgaris*. — b. *Cladonia rangiferina*.
c. *Parmelia physodes*.

Phot. 308. a. *Calluna vulgaris*. — b. Le même, brouté par les Lapins. — c. *Molinia coerulea*. — d. *Polytrichum piliferum*.

Dunes et bruyères, à Calmpthout, en décembre 1909.

Phot. 309.   a. *Salix repens.* — b. *Molinia coerulea.* — c. *Erica Tetralix.*

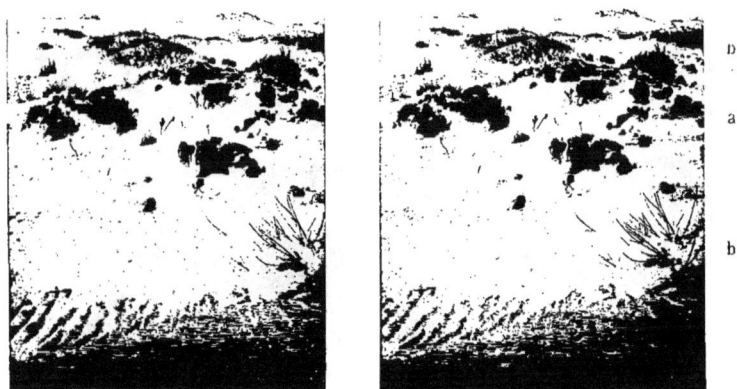

Phot. 310.   a. *Calluna vulgaris* broutés et déchaussés. — b. *Salix repens.*

District campinien : dunes et bruyères.

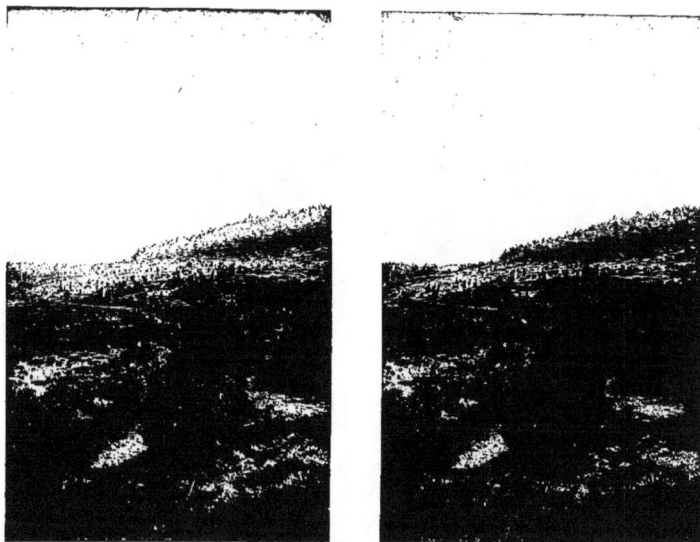

Phot. 311.   Bruyère et petites dunes avec *Juniperus communis*, à Genck. — Septembre 1909.

Phot. 312.   Dune avec *Calluna vulgaris*, dans la bruyère humide avec *Molinia coerulea* et *Erica Tetralix*. Entre Turnhout et Arendonck. — Octobre 1909.

District campinien : bois.

Phot. 313.

Phot. 314.

Bois de *Pinus sylvestris* et *Fagus sylvatica*. — a. *Boletus viscidus*. — b. *Cantharellus cibarius*. — c. *Ammanita muscaria*. — d. *Cytisus scoparius*. — A Genck. — Septembre 1910.

District campinien : bois.

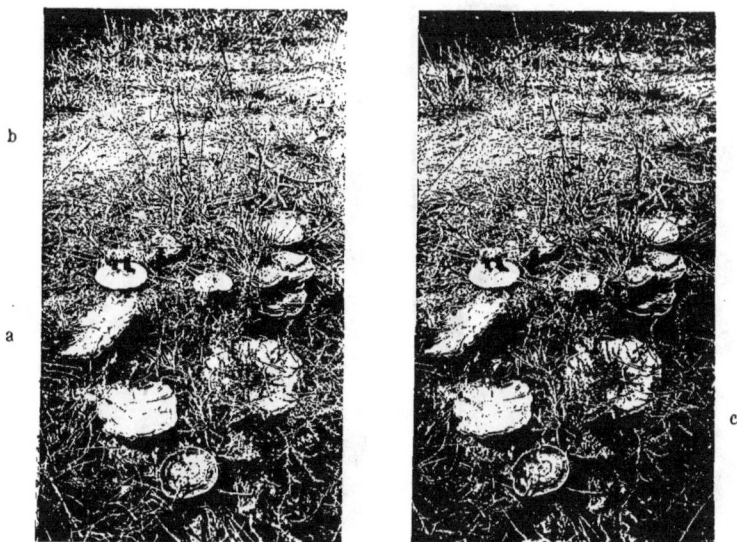

Phot. 315.   Bois de *Pinus sylvestris*. — a. *Polyporus perennis*. — b. *Juncus squar-rosus*. — c. *Calluna vulgaris*. — A Linckhout. — Juillet 1909.

Phot. 316   a. Bois d'*Alnus glutinosa*. — b. *Phleum pratense*. — c. *Achillea Ptarmica*. d. *Peucedanum palustre*. — A Linckhout. — Juillet 1909.

District hesbayen : futaies de Hêtres, dans la forêt de Soignes.

Phot. 317.   A gauche, arbres d'une centaine d'années: à droite, arbres
d'une quarantaine d'années. — Octobre 1909.

Phot. 318.   Futaie assez claire, âgée de 125 ans. Devant, dans le ravin,
Athyrium Filix-foemina. — Octobre 1909.

District hesbayen : futaies de Hêtres, dans la forêt de Soignes.

Phot. 319. Hêtre porte-graine, qui avait été laissé lors de la coupe et dont la cime
s'est desséchée. — Novembre 1909.

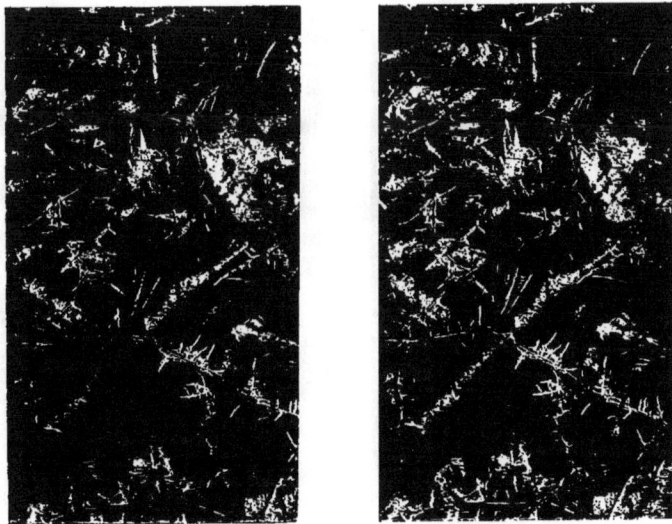

Phot. 320. Mycorhizes de Hêtres. — Janvier 1910. ($^1/_2$ g. n.)

District hesbayen : lisière et sous-bois.

Phot. 321. Lisière d'une hêtraie, dans la forêt de Soignes. — a. *Circaea lutetiana*. — b. *Stachys sylvatica*. — c. *Geranium Robertianum*. — Novembre 1909.

Phot. 322. Sous-bois d'un taillis d'*Alnus glutinosa*. — a. *Impatiens Noli-Tangere*. — b. *Paris quadrifolia*. — A Saint-Denis. — Juillet 1909.

District hesbayen : Champignons dans

Phot. 323.   *Polyporus versicolor*, sur une souche de Hêtre. — Novembre 1909.
($^{1}/_{4}$ g. n.)

Phot. 324   a. *Merulius tremellosus*. — b. *Polyporus fumigatus*. — c. *Corticium*.
Sur une souche de Hêtre. — Novembre 1909. ($^{1}/_{4}$ g. n.)

la forêt de Soignes.

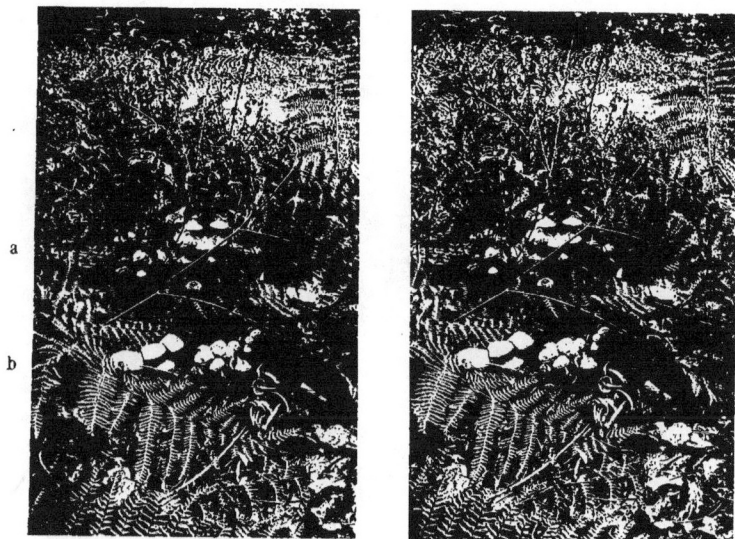

Phot. 325. a. *Mycena polygramma*. — b. *Hypholoma fasciculare*. — Au milieu, *Mycena* attaqué par une Mucoracée parasite. Octobre 1909

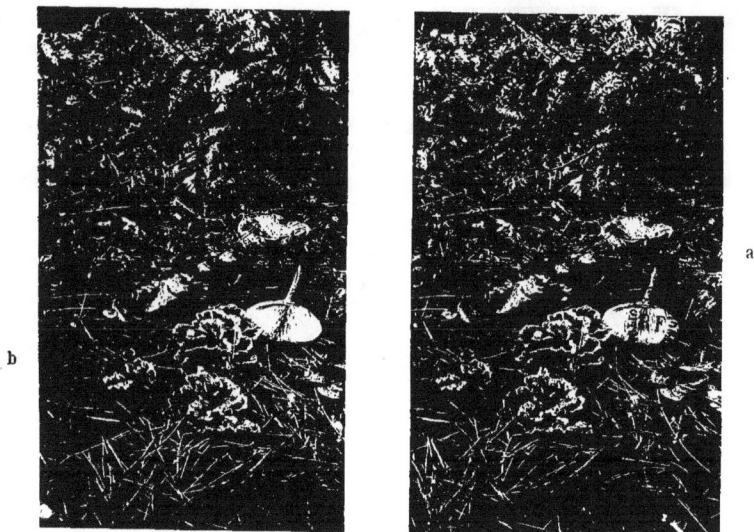

Phot. 326 a. *Lactarius rufus*. — b. *Thelephorus terrestris*. Dans une pineraie. — Octobre 1909.

District hesbayen : bruyère et tourbière, à Oisquercq.

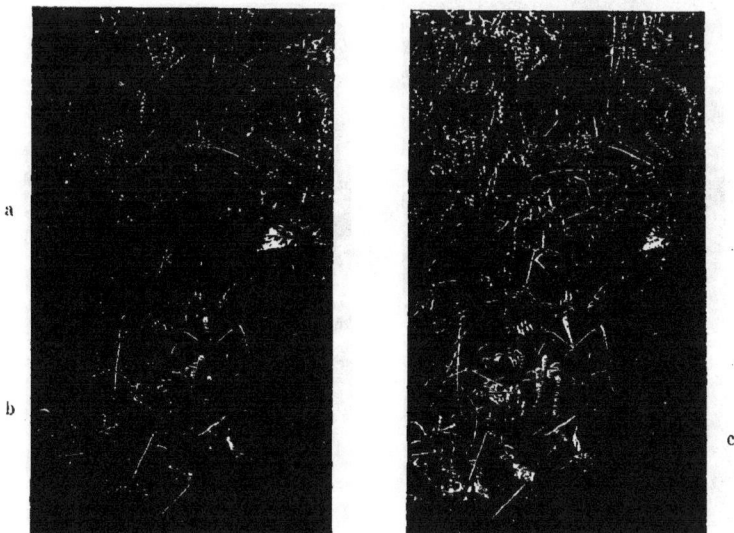

Phot. 327.   Bruyère – a. *Calluna vulgaris*. — b. *Clavaria fragilis*. — c. *Polytrichum piliferum*. — Octobre 1909.

Phot. 328.   Tourbière. — a. *Osmunda regalis*. — b. *Pteridium aquilinum*. — c. *Corylus Avellana*. – Octobre 1909.

District hesbayen : prairies peu fertiles de la vallée de la Dendre.

Phot. 329. *Scirpus sylvaticus* et *Carex vulpina*, à Smeerhebbe. — Juin 1909.

Phot. 330. a. *Rumex Acetosa*. — b. *Lychnis Flos-Cuculi*. — c. *Rhinanthus major*. —
d. *Myosotis caespitosa*. — A Idegem. — Juin 1909.

District hesbayen : rochers siluriens et plutoniens, à Fauquez,
près de Virginal.

Phot. 331. *Calypogeia Trichomanis* sur schistes siluriens. — Octobre 1909.
($^1/_1$ g. n.)

Phot. 332. *Plagiothecium undulatum*, sur porphyroïde. — Octobre 1909. ($^1/_3$ g. n.)

District hesbayen.

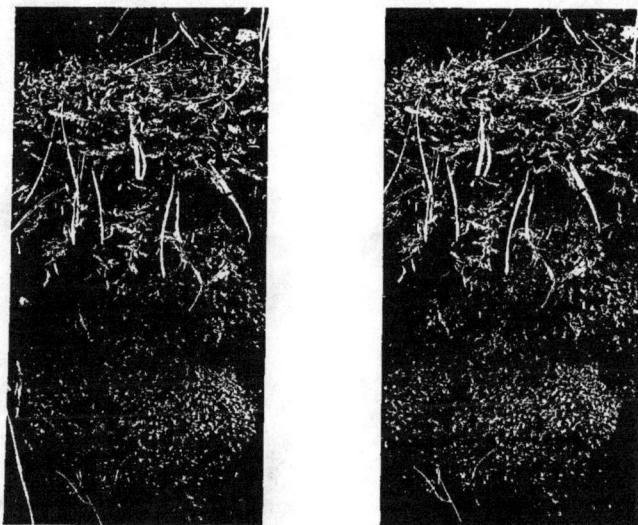

Phot. 333. Une marche du talus de la phot. 104. Sur le plat et sur le bord supérieur : *Hypnum cupressiforme* ; sur la face verticale : *Tetraphis pellucida*. — A Oisquercq. — Octobre 1909. ($^1/_3$ g. n.)

a

b

c

Phot. 334. Champ de méteil (Seigle et Froment). — a. *Centaurea Cyanus*. — b. *Cirsium arvense*. — c. *Matricaria Chamomilla*. — A Idegem. — Juin 1909.

District hesbayen : bords de chemins et talus de voie ferrée.

Phot. 335. Bords d'un chemin. — a. *Urtica dioica*. — b. *Lamium album*. — c. *Bromus mollis*. — d. *Ranunculus acris*. — A Idegem. — Juin 1909.

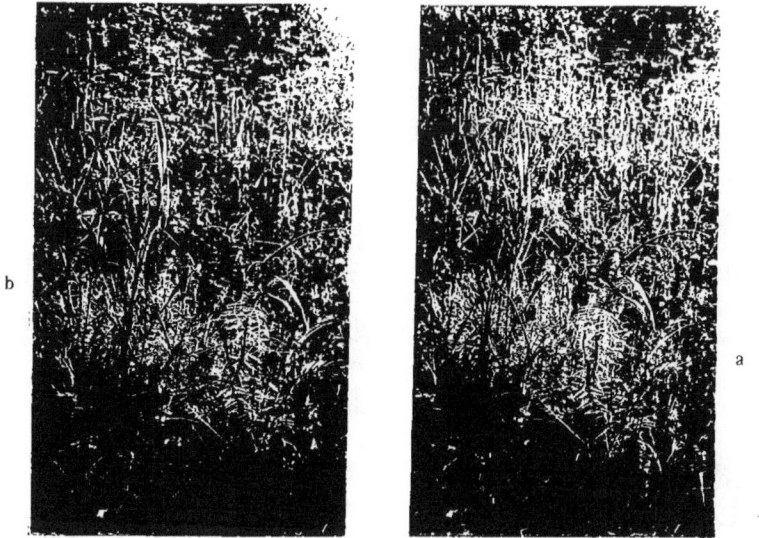

Phot. 336. Talus d'une voie ferrée. — a. *Vicia angustifolia*. — b. *Lathyrus Nissolia*. — A Idegem. — Juin 1909.

District hesbayen.

Phot. 337.   Le Scherpenberg près d'Ypres. Champs de Seigle et bois de Chênes. —
Août 1909.

Phot. 338.   Chemin entre les vergers, à Esschenbeek, près de Hal. — Janvier 1910.

District hesbayen : flore aquatique.

Phot. 339. a. *Sagittaria sagittifolia* avec feuilles flottantes et feuilles aériennes. — b. *Alisma Plantago*. — Dans la Dendre canalisée, à Santbergen. — Juin 1909.

Phot. 340. Étang mis à sec à Zillebeke. — a. *Rumex maritimus*. — b. *Alisma Plantago*. — c. *Typha angustifolia*. — d. *Sium latifolium.* — Août 1909.

District crétacé : coupes dans la craie.

Phot. 341.   Falaise dans la craie maestrichtienne, avec bancs de silex, à Lanaye
(vallée de la Meuse). — Juillet 1909

Phot. 342.   Carrière dans la craie sénonienne, à Teuven (Pays de Herve). — Juillet 1909.

District crétacé : tufeau montien (éocène), à Ciply

Phot. 343. Carrière. *Carduus nutans.* — Juin 1909

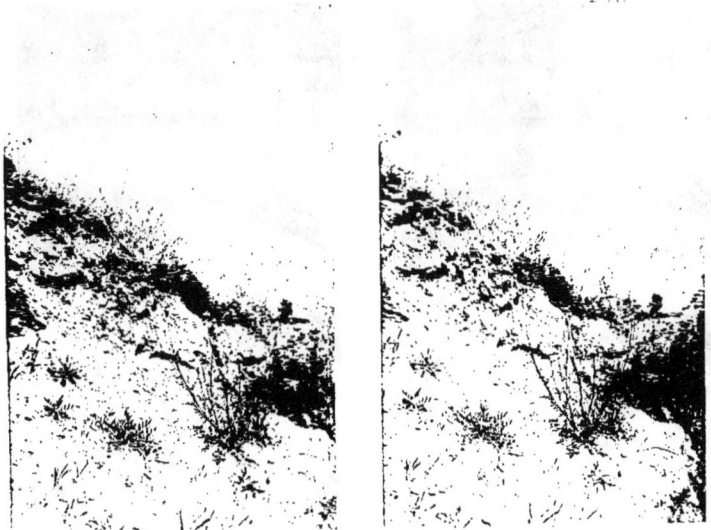

Phot. 344. Déblais de carrières. *Centaurea Scabiosa.* — Juin 1909.

District crétacé.

Phot. 345. Champ de Trèfle (*Trifolium pratense*). — a. *Plantago lanceolata.* — b. *Adonis autumnalis.* — c. *Viola tricolor.* — d *Scandix Pecten Veneris.* — e. *Alopecurus arvensis.* — A Ciply. — Juin 1909.

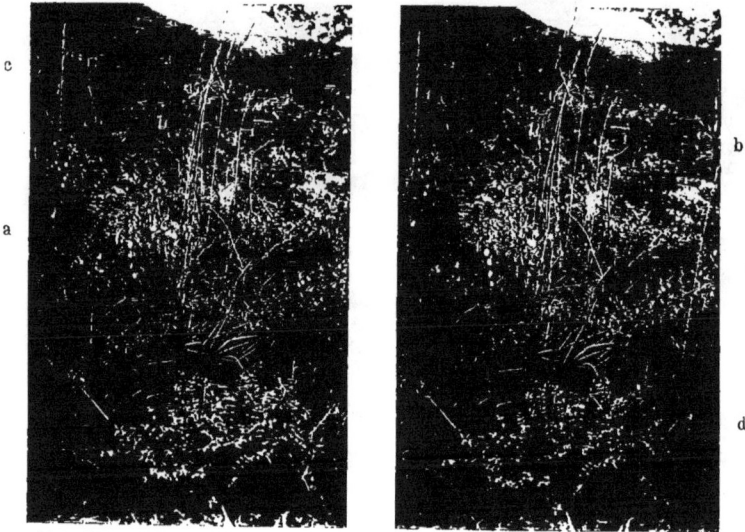

Phot. 346. Pelouse sèche. — a. *Ononis spinosa.* — b. *Daucus Carota.* — c. *Brachypodium pinnatum.* — d. *Sanguisorba minor.* — A Lanaye (Vallée de la Meuse). — Juillet 1909.

District crétacé : bois.

Phot. 347.   Chemin creux dans la craie maestrichtienne, à Lanaye (Vallée de la Meuse). — Juillet 1909.

Phot. 348.   Bois de Pins sylvestres sur craie sénonienne très altérée et décalcifiée. — a. *Pteridium aquilinum*. — b. *Deschampsia flexuosa* trop ombragés et stériles. — A Teuven (Pays de Herve). — Juillet 1909.

District calcaire : allure des couches.

Phot. 349.   Rochers calcaires frasniens, à Sy, au bord de l'Ourthe. — Septembre 1909.

Phot. 350.   Rochers calcaires tournaisiens, à Yvoir (Rochers de Champale). — Juin 1909.

District calcaire : allure des couches.

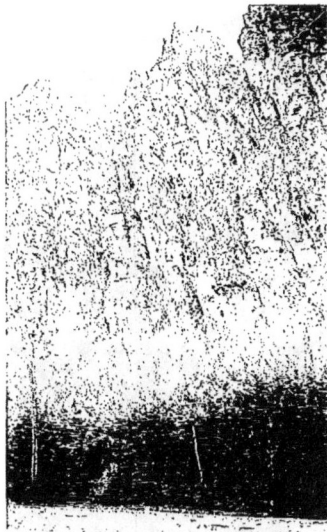

Phot. 351. Rochers dolomitiques, à Dave (vallée de la Meuse). — Janvier 1910.

Phot. 352. Rochers dolomitiques, à Marche-les-Dames (vallée de la Meuse ; devant, *Pinus Laricio*. — Février 1910.

District calcaire : plantes des rochers calcaires.

Phot. 353.   Lichens (*Verrucaria rupestris* et *Pannularia nigra*) sur un rocher
frasnien, à Dave. — Janvier 1910. ($^1/_1$ g. n.)

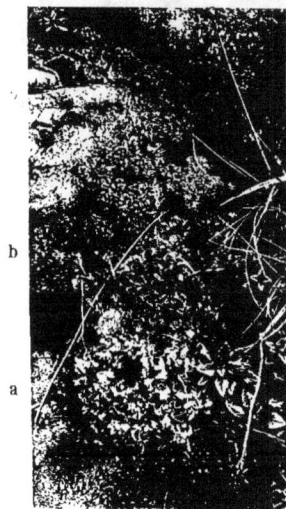

Phot. 354   a. *Cladonia endiviaefolia*. — b. *Squamaria crassa nigricans*. —
c. *Calamintha Acinos*. — d. *Koeleria cristata*. — e. *Sedum album*.   Sur un
rocher frasnien, à Sy. — Septembre 1909. ($^1/_3$ g. n.)

District calcaire : plantes

Phot. 355. *Orthotrichum saxatile* sur calcaire frasnien; à gauche, plante sèche et avec les feuilles fermées; à droite, plante mouillée et avec les feuilles ouvertes. A Sy. — Septembre 1909. ($1/4$ g. n.)

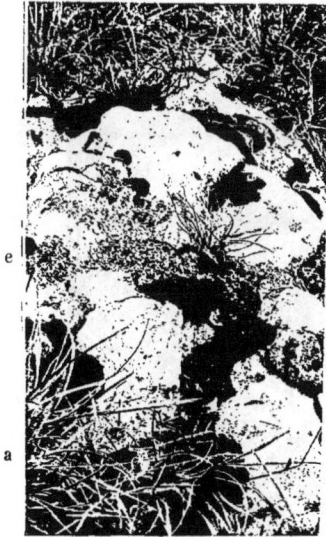

Phot. 356. a. *Sesleria coerulea*. — b. *Festuca duriuscula glauca*. — c. *Encalypta streptocarpa*. — d. *Asplenium Ruta-Muraria*. — e. *Cladonia pyxidata*. — Sur calcaire tournaisien, à Yvoir. — Juin 1909.

de rochers calcaires exposés au soleil.

Phot. 357. a. *Draba aizoides.* — b. *Phleum Boehmeri.* — c. *Hippocrepis comosa.* — d. *Helianthemum poliifolium* — e. *Potentilla verna.* — f. *Encalypta strepto-carpa.* — g. *Lactuca perennis.* — h. *Festuca duriuscula glauca.* — A Yvoir. — Juin 1909.

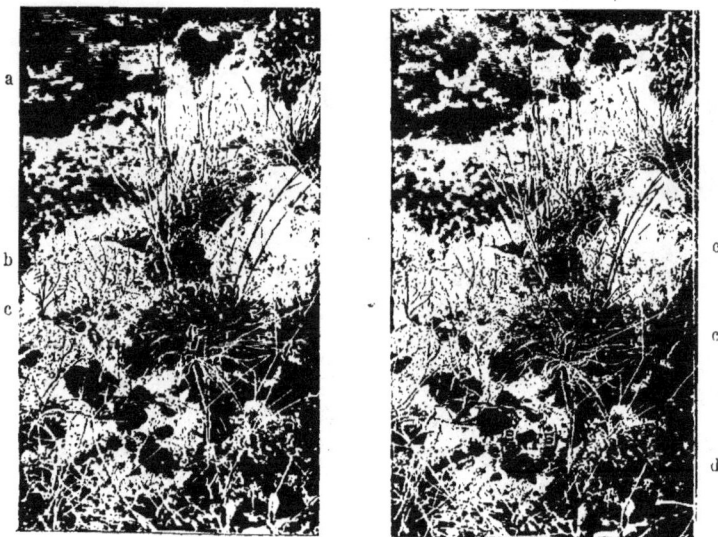

Phot. 358. a. *Dianthus Carthusianorum.* — b. *Helianthemum poliifolium.* — c. *Draba aizoides.* — d. *Sedum album.* — e. *Melampyrum arvense.* — A Yvoir. — Juin 1909.

District calcaire : plantes

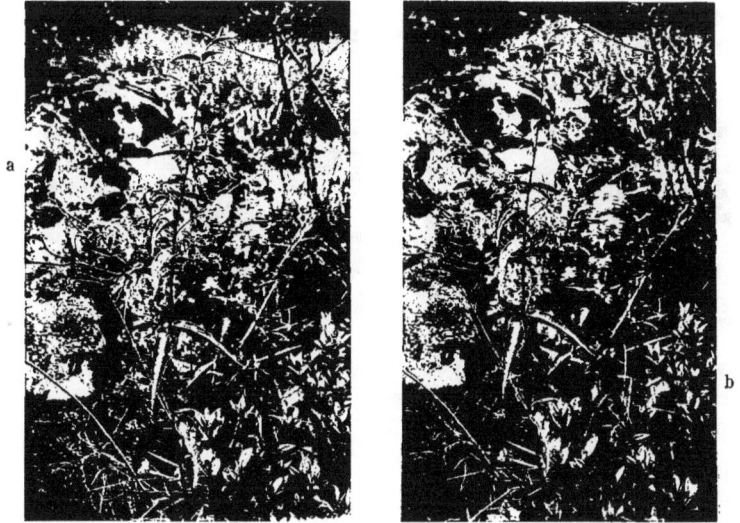

Phot. 359. a. *Asclepias Vincetoxicum*. — b. *Buxus sempervirens*. — Sur les rochers frasniens de la Montagne-au-Buis, à Mariembourg. — Juin 1909.

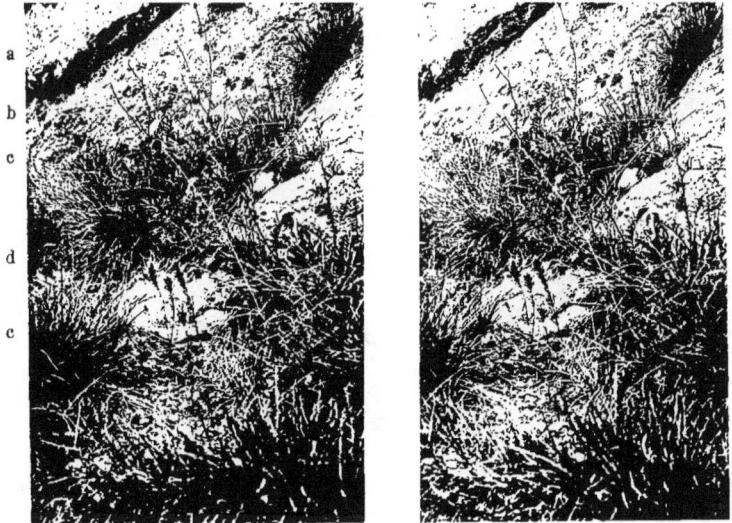

Phot. 360. a. *Centaurea Scabiosa*. — b. *Allium sphaerocephalum*. — c. *Sesleria coerulea*. — d. *Melampyrum arvense*. — Sur les rochers frasniens de Fidevoie, à Yvoir. — Juin 1909.

de rochers.

Phot. 361. a. *Helleborus foetidus*. — b. *Sedum reflexum*. — c. *Homalothecium sericeum*. — Sur grauwacke couvinienne, à Tailfer. — Janvier 1910.

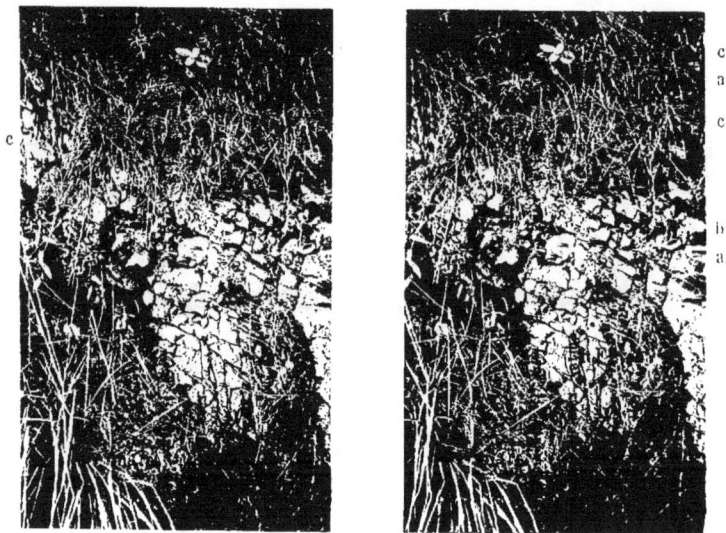

Phot. 362. a. *Sedum Telephium Fabaria*. — b. *Campanula rotundifolia*. — c. *Poa nemoralis*. — Sur un rocher ombragé formé de schistes calcaires famenniens, à Limbourg. — Septembre 1909.

District calcaire : plantes

Phot. 363. a. *Trentepohlia aurea*. — b. *Encalypta streptocarpa* — Sur Viséen, à Maizeret (près de Samson . — Juillet 1909.

Phot 364. a. *Asplenium Trichomanes*. — b. *Scolopendrium vulgare*. — c. *Lamium Galeobdolon*. — Sur Viséen, à Maizeret (près de Samson). — Juillet 1909.

de rochers calcaires ombragés.

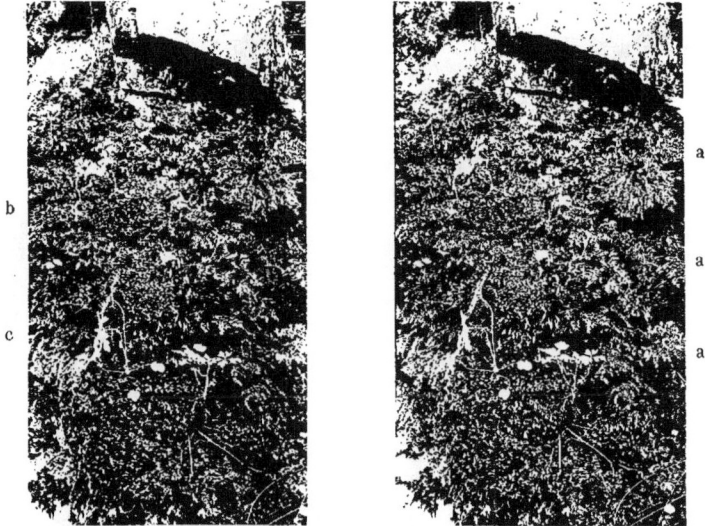

Phot. 365. a. *Thamnium alopecurum*. — b. *Bryum capillare*. — c. *Geranium Robertianum*. — Sur Viséen, à Maizeret (près de Samson). — Juillet 1909. ($^1/_2$ g. n.)

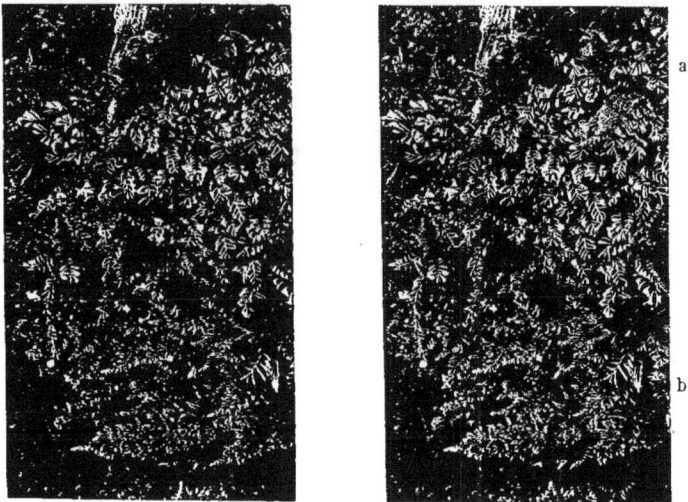

Phot. 366. a. *Plagiochila asplenioides*. — b. *Hypnum molluscum*. — Sur Frasnien, à Sy. — Septembre 1909. ($^1/_1$ g. n.)

District calcaire : rochers calcaires ombragés, et murs.

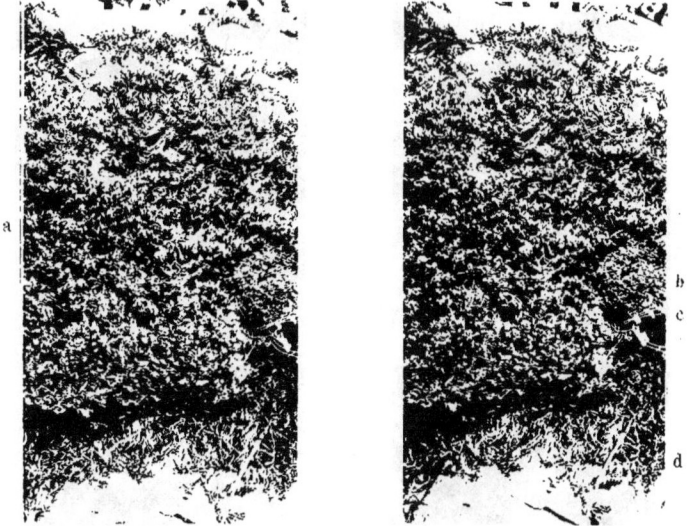

Phot. 367   a. *Neckera crispa.* — b. *Syntrichia intermedia.* — c. *Asplenium Ruta-Muraria.* — d. *Homalothecium sericeum.* — Sur le Frasnien de la Roche à Lomme, à Nismes. — Juin 1909. ($^1/_2$ g. n.)

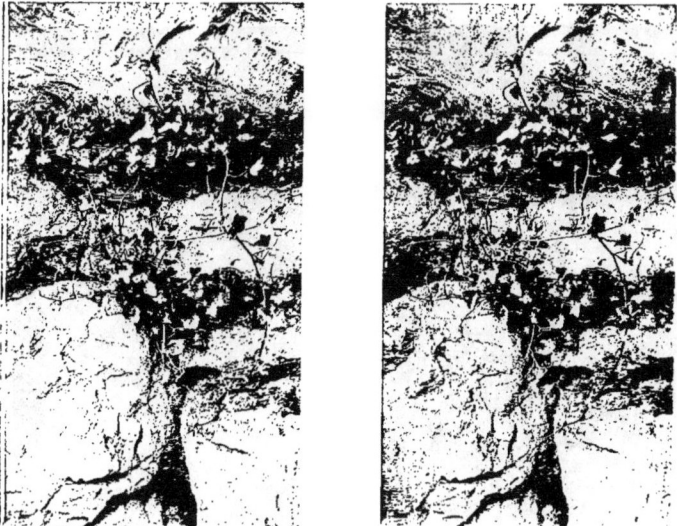

Phot. 368.   *Linaria Cymbalaria,* dans les joints d'un mur, à Yvoir. — Juin 1909. ($^1/_4$ g. n.)

District calcaire : éboulis calcaires ombragés.

Phot. 369.   a. *Conium maculatum.* — b. *Urtica dioica.* — c. *Festuca duriuscula glauca.* —
d. *Fraxinus excelsior.* — A Samson. — Juillet 1909.

Phot. 370.   a. *Valeriana officinalis.* — b. *Fraximus excelsior.* — A Samson. —
Juillet 1909.

District calcaire : bois tranquilles

Phot. 371. Bois sombre et tranquille, à Maizeret (près de Samson). — a. *Acer Pseudo-Platanus*. — b. *Hedera Helix*. — Juillet 1909.

Phot. 372. Bois sombre et tranquille, à Maizeret (près de Samson). — a *Lunaria rediviva*. — b. *Ribes Uva-crispa*. — c. *Aspidium Filix-Mas*. — d. *Rubus caesius*. — Juillet 1909.

entre les rochers, et éboulis.

Phot. 373.   Bois sombre et tranquille, à Maizeret (près de Samson). — a. *Hedera Helix*. — b. *Mercurialis perennis*. — Juillet 1909.

Phot. 374.   Éboulis couvert de broussailles, à Sy : *Prunus spinosa* et *Saponaria officinalis*. — Septembre 1909.

District calcaire : éboulis secs, frasniens.

Phot. 375. *Melica ciliata*, à Yvoir. — Juin 1909.

Phot. 376. *Sanguisorba minor* et *Poa compressa*, à Sy. — Septembre 1909.
(^{1}/$_2$ g. n.)

District calcaire : pelouses sur la Montagne-au-Buis, à Mariembourg.

Phot. 377. En plein soleil : a. *Buxus sempervirens* — b. *Geranium sanguineum.* — c. *Polygonatum officinale.* — d. *Orobanche Teucrii.* - e. *Teucrium Chamaedrys.* — f. *Hypnum rugosum.* — Juin 1909.

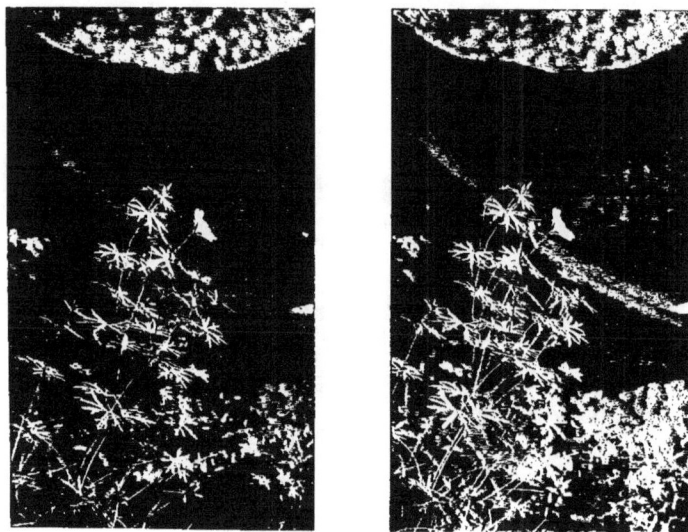

Phot. 378. A l'ombre : *Geranium sanguineum.* — Juin 1909.

District calcaire : pelouses sur la Montagne-au-Buis, à Mariembourg.

Phot. 379. a. *Juniperus communis.* — b. *Digitalis ambigua.* — c. *Rosa pimpinellifolia.* — d. *Helianthemum Chamaecistus.* — Juin 1909.

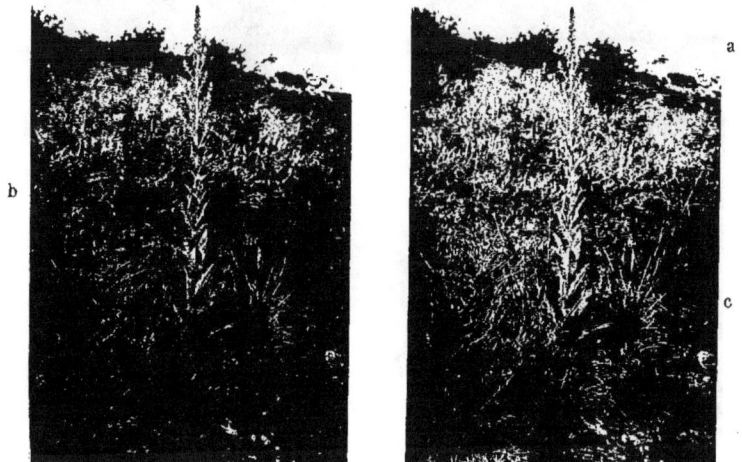

Phot. 380. — a. *Verbascum Lychnitis.* — b. *Prunus spinosa.* — c. *Brachypodium pinnatum.* — Juin 1909.

District calcaire : pelouses sur Viséen.

Phot. 381.   *Saxifraga granulata* et *Sedum reflexum*, à Statte (près de Huy). — Décembre 1909.

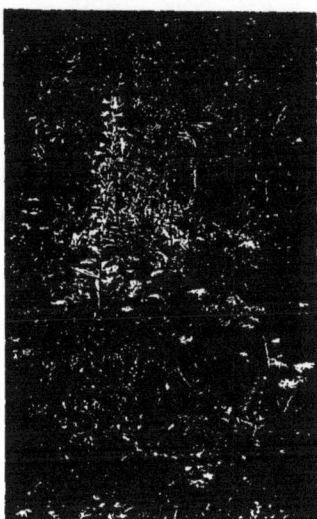

Phot. 382.   a. *Echium vulgare.* — b. *Bromus erectus.* — c. *Orlaya grandiflora.* — d. *Sedum album.* — e. *Allium sphaerocephalum.* — A Samson. — Juillet 1909.

District calcaire : pelouses à Marenne.

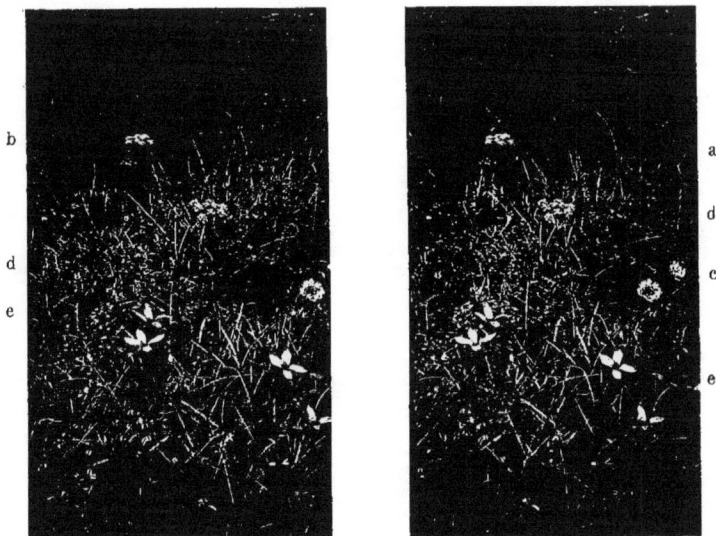

Phot. 383. Pelouse sèche sur calcaire givetien. — a. *Sesleria coerulea*. — b. *Pimpinella Saxifraga*. — c. *Scabiosa Columbaria*. — d. *Ononis repens*. — e. *Gentiana ciliata*. — Septembre 1909.

Phot. 384. Pelouse humide (prairie) sur schistes frasniens, avec *Colchicum autumnale*. — Septembre 1909.

District calcaire : schistes houillers, à Samson.

Phot. 385. Coupe dans le calcaire viséen, surmonté de schistes houillers. —
Février 1910.

Phot. 386. Végétation sur les schistes houillers : *Betula alba, Calluna vulgaris,
Cytisus scoparius*. — Février 1910.

District calcaire : schistes houillers, à Houx.

Phot. 387. *Pirus Malus.* — Juin 1909.

Phot. 388. a. *Melampyrum pratense.* — b. *Prunus spinosa.* — Juin 1909.

District calcaire : psammites famenniens, à Tailfer

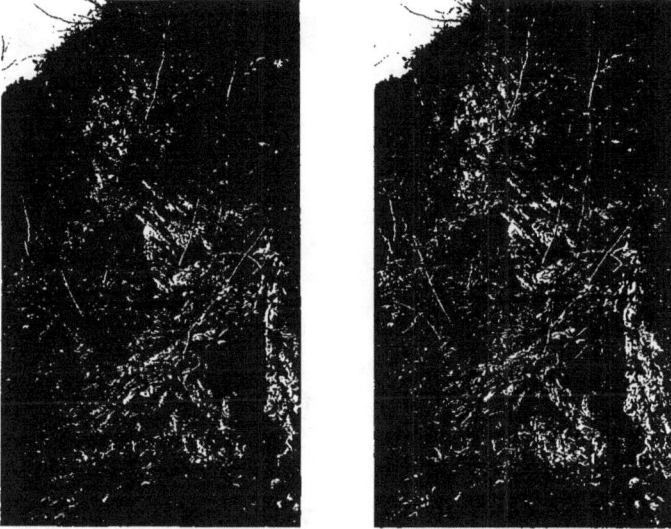

Phot. 389. Escarpement de psammite. — Janvier 1910.

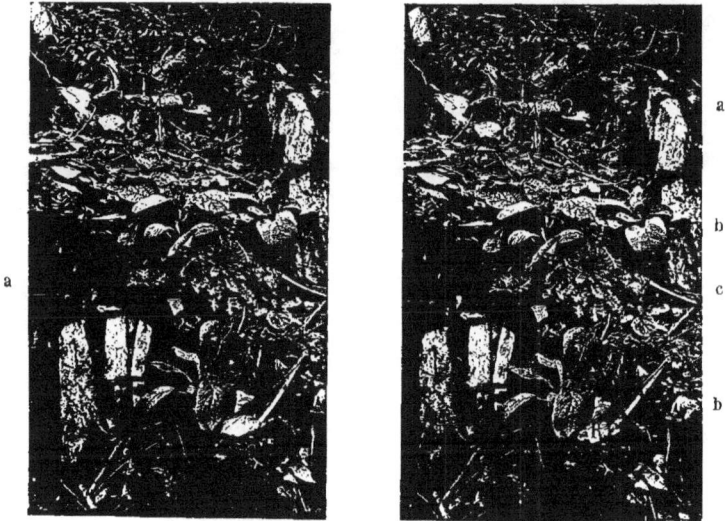

Phot. 390. Végétation sur le psammite. — a. *Polypodium vulgare*. — b. *Digitalis purpurea*. — c. *Arabis arenosa*. — Janvier 1910.

District calcaire : poudingue de Burnot, à Profondeville.

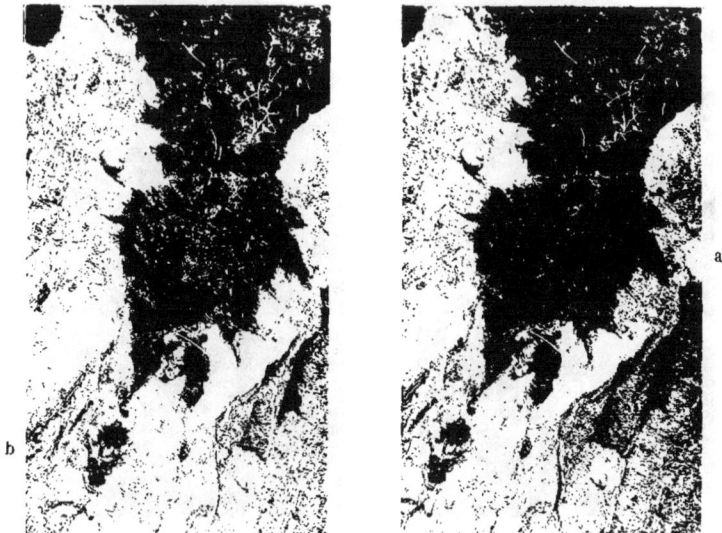

Phot. 391. a. *Brachythecium luetum*. — b. *Endocarpon miniatum*. — Juin 1909.

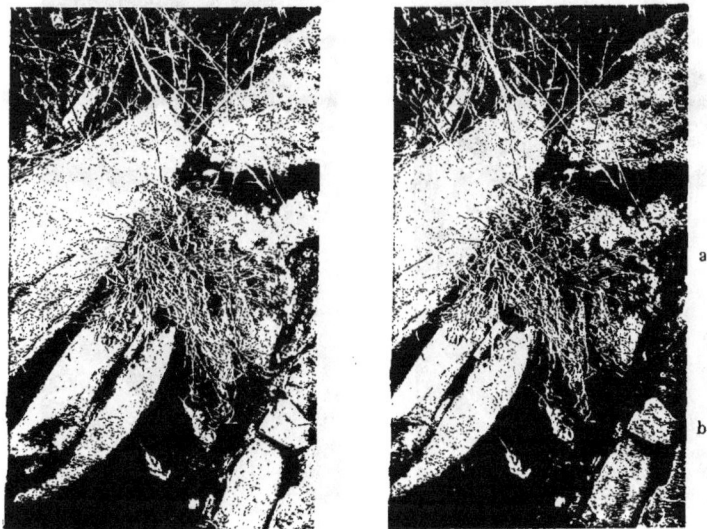

Phot. 392. a. *Asplenium septentrionale*. — b. *Polypodium vulgare*. — Juin 1909.

District calcaire : terrains calaminaires, à Welkenraedt.

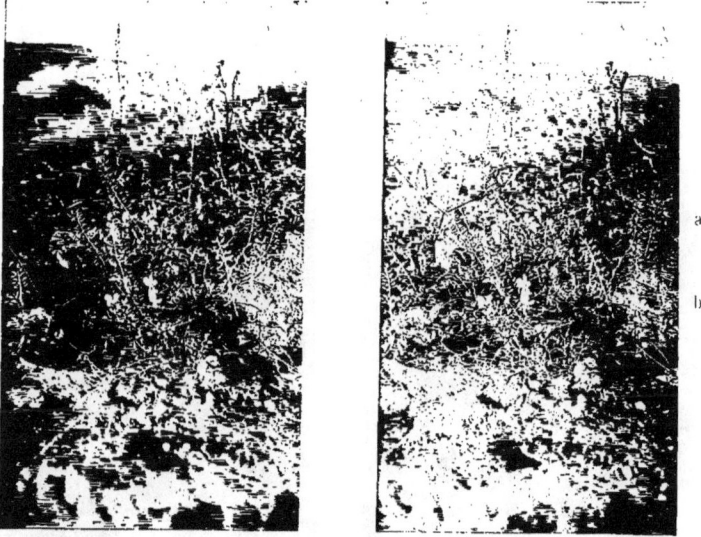

Phot. 393.   a. *Thlaspi alpestre calaminare.* — b. *Viola lutea calaminaria.* — Juillet 1909.

Phot. 394.   a. *Armeria elongata.* — b. *Alsine verna.* — Juillet 1909.

District calcaire : Phanérogames parasites.

Phot. 395. *Viscum album* sur un Pommier, à Samson. — Février 1910.

Phot. 396. *Cuscuta europaea* sur *Urtica dioica*, à Samson. — Juillet 1909.

District calcaire : Champignon et plante mycotrophe.

Phot. 397. *Monotropa Hypopitys,* avec mycorhizes blanches, dans un bois de Pins sylvestres sur schistes houillers, à Maizeret, près de Samson. — Juillet 1909.

Phot. 398. *Aecidium Clematidis* sur *Clematis Vitalba,* à Yvoir. — Juin 1909.

District ardennais :

Phot. 399. Bois de *Quercus pedunculata*, sur les bords de la Hoëgne, à Sart. — Janvier 1910.

Phot. 400. *Picea excelsa, Betula alba, Calluna vulgaris*, à Sart. — Janvier 1910.

bois en hiver.

Phot. 401. *Picea excelsa, Quercus pedunculata;* à droite, *Rubus Idaeus.* — A Sart. — Janvier 1910.

Phot. 402. *Betula alba, Quercus pedunculata, Cytisus scoparius.* — A Libramont. — Décembre 1909.

District ardennais : sous-bois près de la Hoëgne, à Sart.

Phot. 403. a. *Athyrium Filix-foemina*. — b. *Polygonum Bistorta*. — c. *Luzula sylvatica*. — Juin 1909.

Phot. 404. a. *Polygonatum verticillatum*. — b. *Rubus Idaeus*. — c. *Sphagnum sp*. — d. *Vaccinium Myrtillus*. — Juin 1909.

District ardennais : fagnes.

Phot. 405. *Eriophorum vaginatum*, à Libramont. — Mai 1909.

Phot. 406. Mare dans la fagne du Terrain Expérimental, à Francorchamps.
A droite, *Glyceria aquatica.* — Septembre 1909.

District ardennais :

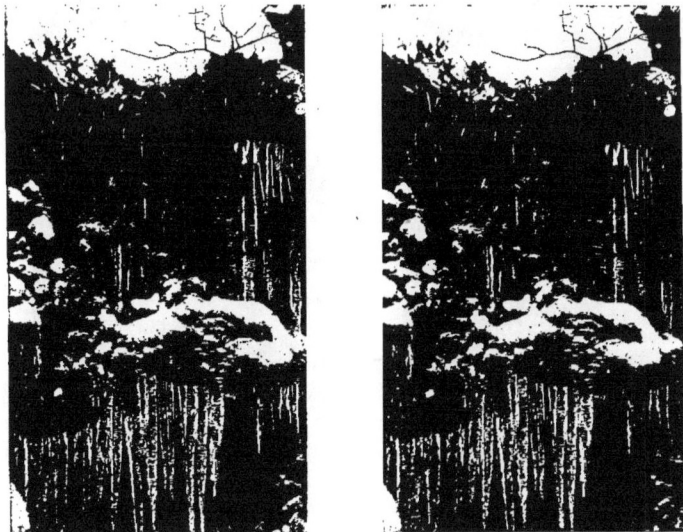

Phot. 407. Rochers couverts de *Pellia epiphylla* et *Diplophyllum albicans*,
au bord de la Hoëgne, à Sart. — Janvier 1910.

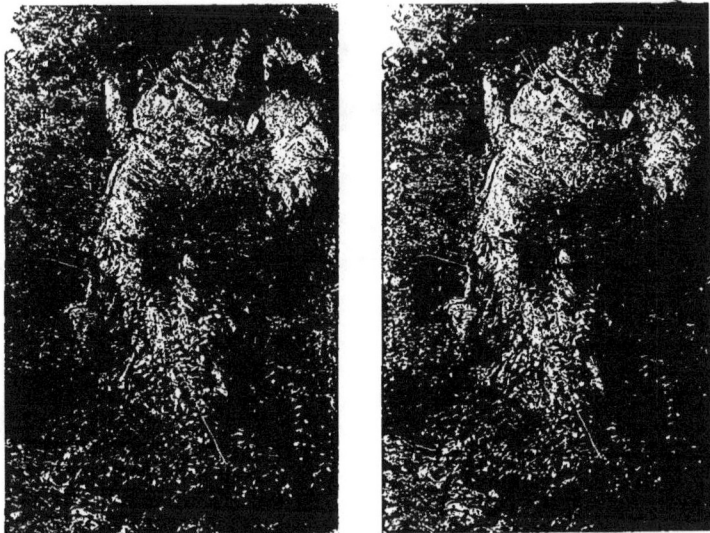

Phot. 408. Phyllades salmiennes plissées, dans le Hertogenwald. — Septembre 1909.

rochers.

Phot. 409.   Rochers en schiste et en quartzophyllade gedinniens; à gauche,
Acer platanoides. — A Poix. — Mai 1909.

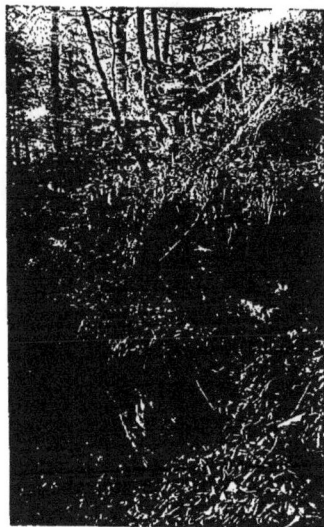

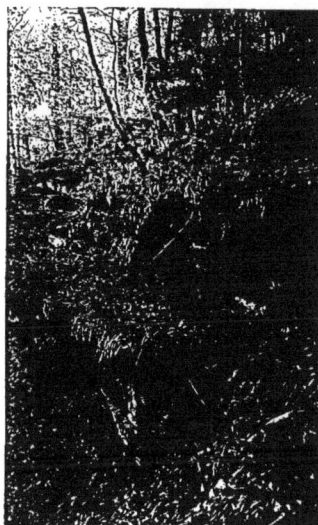

Phot. 410.   *Brachypodium sylvaticum* sur un rocher gedinnien, à Poix. — Mai 1909.

District ardennais :

Phot. 411.   Rocher coblencien ombragé. — a. *Calamagrostis arundinacea.* —
b. *Eupatorium cannabinum* — Dans le Hertogenwald. — Septembre 1909.

Phot. 412.   Éboulis sur schistes coblenciens dans le Hertogenwald. — Septembre 1909.

rochers.

Phot. 413. Lit du Roannay dans les phyllades reviniennes. — a. *Vaccinium Myrtillus.* — b. *Scapania undulata.* — A Francorchamps. — Septembre 1909.

Phot. 414. Schistes couviniens désagrégés, avec *Pogonatum urnigerum*, dans le Hertogenwald. — Septembre 1903.

District ardennais :

Phot. 415. Bloc de quartzite revinien, avec *Polytrichum piliferum* secs et fermés (voir phot. 434), et *Cladonia coccifera*. — Entre Couvin et Cul-des-Sarts. — Juin 1909

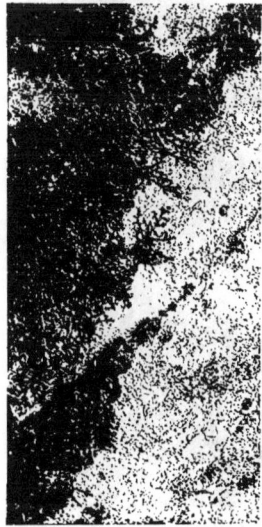

Phot. 416 Schiste gedinnien ombragé, avec *Frullania dilatata?* et lichens. A Poix. — Mai 1904.

Bryophytes.

a

b
c

Phot. 417. a. *Hylocomium splendens.* — b. *Oxalis Acetosella.* —
c. *Fragaria vesca.* — A Poix. — Mai 1909.

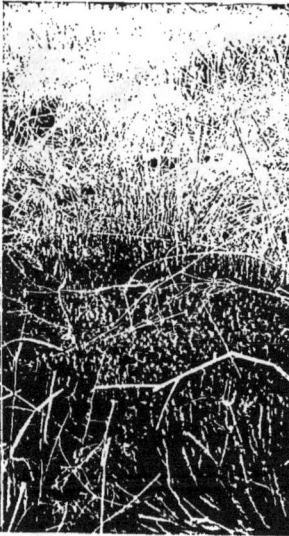

Phot. 418 *Polytrichum commune* dans une fagne, à Libramont. — Mai 1909.

District ardennais :

Phot. 419. Bord d'un fossé de drainage dans le Hertogenwald. — a. *Boletus lividus* sur la terre imprégnée de matières organiques. — b. *Molinia coerulea*. — c. Terre argileuse nue. — Septembre 1905.

Phot. 420. *Lactarius piperatus* dans un taillis de *Quercus pedunculata*, à Jalhay. — Septembre 1905.

Champignons et lichens.

Phot. 421.   *Ithyphallus impudicus*, dans le Hertogenwald. — Septembre 1905.

Phot. 422.   *Picea excelsa*, mort, couvert de *Parmelia physodes*, dans un bois de *Quercus pedunculata*; devant, *Calluna vulgaris*. — Entre Couvin et Cul-des-Sarts. — Juin 1905

District subalpin :

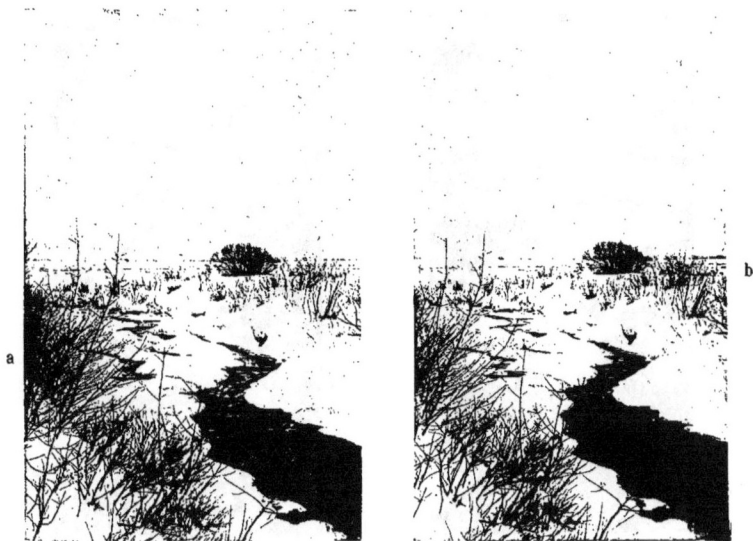

Phot. 423. La fagne bordant la Hoëgne. — a. *Rhamnus Frangula.* b *Salix cinerea* ou *S. aurita.* — A Hockai. Janvier 1910.

Phot. 424. *Pinus sylvestris*, près de la Hoëgne à Hockai. — Janvier 1910.

sous la neige.

Phot. 425.   Haie de *Fagus sylvatica*, abritant une ferme, à Hockai.   Janvier 1910.

Phot. 426.   Prairies bordées de *Picea excelsa*, à Hockai. – Janvier 1910.

District subalpin :

Phot. 427. Tapis de *Sphagnum div sp.* — a. *Viola palustris.* — b. *Hebeloma sacchariolens.* — c. *Genista anglica.* — A Cronchamps, près de Francorchamps. — Septembre 1905.

Phot. 428. Tapis de *Sphagnum div. sp* — a. *Trientalis europaea.* — b. *Polytrichum commune.* — A Hockai. — Juin 1909.

fagnes marécageuses.

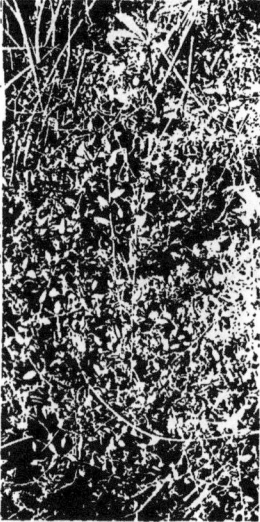

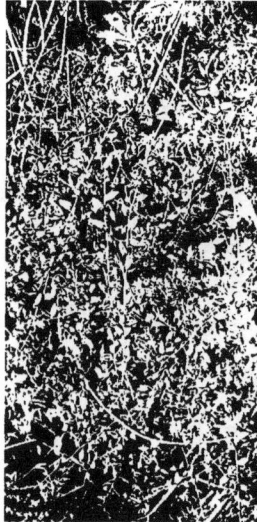

Phot. 429. Tapis de *Sphagnum div. sp.* avec *Vaccinium Oxycoccos*, à Hockai. — Mai 1909.

Phot. 430. *Scirpus caespitosus*, à Hockai. — Septembre 1909.

District subalpin :

Phot. 431. Bloc de quartzite revinien avec *Andreaea petrophila*, à Hockai. — Mai 1909.

Phot. 432. Bloc de quartzite revinien. — a. *Parmelia saxatilis*. — b. *Cladonia coccifera*. — A Hockai. — Septembre 1905.

Muscinées et lichens.

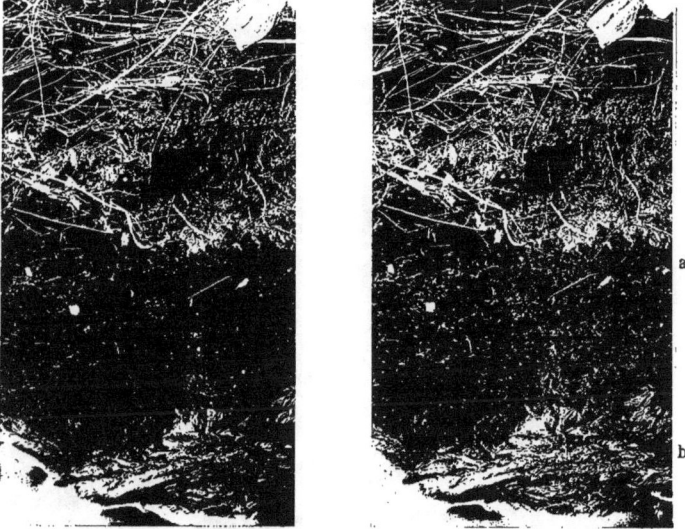

Phot. 433. Lit d'un petit affluent de la Hoëgne, à Rockai — a. *Rhacomitrium aciculare.* — b. *Fontinalis antipyretica.* — Septembre 1905.

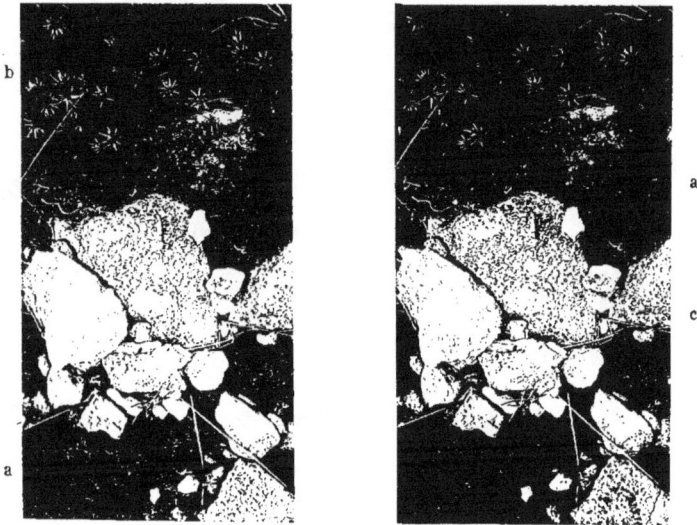

Phot. 434. Terre argileuse avec silex crétacés, altérés. — a. *Alectoria scalaris.* — b. *Polytrichum piliferum* mouillés et ouverts (voir phot. 415). — c. *Lecidea elaeochroma.* — A Rockai. — Juin 1909.

District subalpin : cultures.

Phot. 435. Haie séparant des prairies, à Hockai. avec *Geranium pratense.* —
Juin 1909.

Phot. 436. Champ de Pommes de terre, à Cronchamps, près de Francorchamps. —
a. *Sonchus arvensis* — b. *Galeopsis Tetrahit.* — c. *Chrysanthemum segetum.* —
d. *Ranunculus repens.* — Septembre 1909.

District jurassique : sables.

Phot. 437. Sables de Metzert (Hettangien), près d'Arlon. -- Décembre 1909.

Phot. 438. Sables de Metzert (Hettangien), près d'Arlon. — Décembre 1909.

District jurassique :

Phot. 439. Sables virtoniens, à Stockem. — a. *Rumex Acetosella*. — b. *Hieracium Pilosella*. — c. *Teesdalia nudicaulis*. — d. *Ornithopus perpusillus*. — Juin 1909.

Phot. 440. Sables virtoniens, à Stockem. — a. *Hieracium Pilosella*. b *Agrostis vulgaris*. — c. *Calluna vulgaris*. - d. *Antennaria dioica*. — Juin 1909.

flore des sables.

Phot. 441. Sables virtoniens, à Buzenol. — a. *Briza media*. — b. *Plantago media* — c. *Anthyllis Vulneraria*. — d. *Leontodon hispidus*. — Juin 1909.

Phot. 442. Sables sinémuriens, à Vance. — a. *Helichrysum arenarium*. b. *Hylocomium splendens*. — c. *Scabiosa Columbaria*. — Juin 1909.

District jurassique :

Phot. 443. Sur sables sinémuriens, à Buzenol. — a. *Luzula albida*. — b. *Galium sylvaticum*. — c. *Polypodium vulgare*. — d. *Carpinus Betulus* — e. *Aspidium Filix-mas*. — Juin 1909.

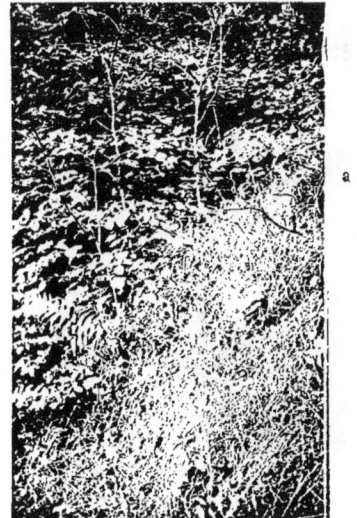

Phot. 444. Sur sables sinémuriens, à Buzenol. — a. *Aquilegia vulgaris*. - b. *Aspidium Filix-mas*. — c. *Corylus Avellana*. — Juin 1909.

sous-bois.

Phot. 445. Sur sables sinémuriens, à Buzenol. — a. *Peltidea aphtosa*. b. *Plagiochila asplenioides* — c. *Hypnum purum*. — Juin 1909. ($^1/_4$ g. n.)

Phot. 446. Lisière d'un bois de *Fagus sylvatica* sur psammites de Messancy (Virtonien) très altérés. — a. *Rosa arvensis*. — b. *Corylus Avellana*. — c. *Carex sylvatica*. — d. *Sanicula europaea*. — e. *Taraxacum officinale*. — A Messancy. — Juin 1909.

District jurassique :

Phot. 447 Bois sur macigno d'Aubange (Virtonien) très altéré. — a. *Galium sylvaticum*. — b. *Platanthera bifolia*. — c. *Asperula odorata*. — A Messancy. — Juin 1909.

Phot. 448. Haie séparant les terrasses (voir phot. 204). — a *Corylus Avellana*. — b. *Dactylis glomerata*. — c. *Aspidium Filix mas*. — d. *Lonicera Periclymenum*. — e. *Actaea spicata*. — f. *Stachys sylvatica*. — g. *Poa nemoralis*. — A Sélange. — Juin 1909.

sous-bois.

Phot. 449. Bois sur les produits d'altération du calcaire de Longwy (Bajocien). — a. *Daphne Mezereum.* — b. *Aquilegia vulgaris.* — c. *Mercurialis perennis.* — d. *Convallaria majalis.* — e. *Anemone nemorosa.* — f. *Fraxinus excelsior.* — Entre Lamorteau et Torgny. — Juin 1909.

Phot. 450. Dans le même bois. — a. *Viburnum Lantana.* — b. *Polygonatum multiflorum* — c. *Mercurialis perennis.* — d. *Rubus saxatilis.* — e. *Lamium Galeobdolon.* — f. *Lonicera Xylosteum.* — Juin 1909.

District jurassique : sous-bois

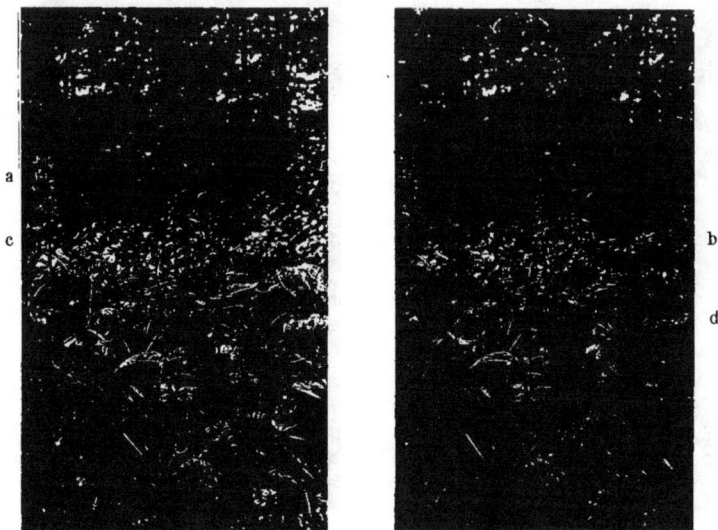

Phot. 451. Bois de *Fagus sylvatica* sur marne de Helmsingen (Hettangien) très
alterée. — a. *Platanthera bifolia*. — b. *Pyrola minor*. — c. *Vaccinium Myrtillus*.
— d. *Convallaria majalis*. — Entre Arlon et Attert. — Juin 1909.

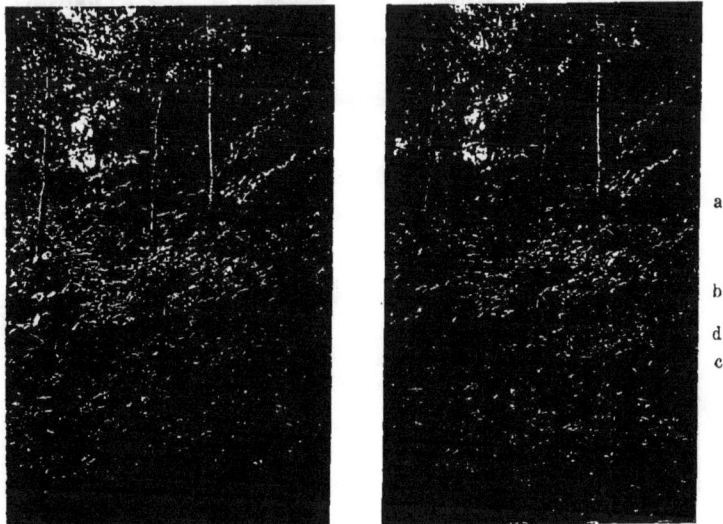

Phot. 452. Bois sur macigno d'Aubange (Virtonien) très altéré. — a. *Milium effusum*.
— b. *Neottia Nidus-Avis*. — c. *Asperula odorata*. — d. *Lathyrus montanus (Orobus
tuberosus)*. — A Messancy. — Juin 1909.

et lisiéres.

Phot. 453. Bois de *Picea excelsa*, sur sables virtoniens, avec *Cytisus scoparius*, près d'Arlon. — Par temps de givre, en décembre 1909.

Phot. 454. Bois de *Fagus sylvatica*, sur marne de Strassen (Sinémurien) très altérée. — a. *Prunus spinosa*. — b. *Salix Caprea*. — c. *Cytisus scoparius*. — Près Arlon. — Par temps de givre, en décembre 1909.

District jurassique : pelouses sur

Phot. 455   *Orobanche Epithymum.* — Juin 1909.

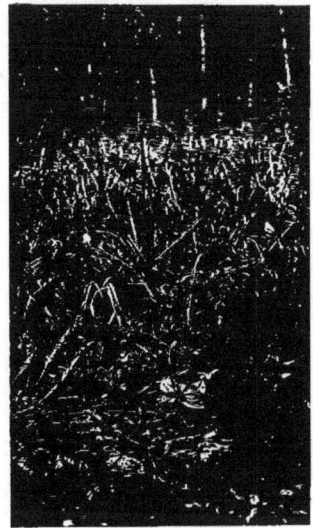

Phot. 456.   a. *Linum tenuifolium.* — b. *Plantago media.* — c. *Lotus corniculatus.* —
Juin 1909.

le calcaire de **Longwy** (Bajocien), à **Torgny**.

Phot. 457. *Iberis amara*, à Torgny. — Juin 1905.

Phot. 458. a. *Cirsium eriophorum*. — b. *Equisetum maximum*. — A Lamorteau —
Juin 1909.

District

Phot. 459. Tuf calcaire sur calcaire sableux sinémurien. — a. *Sesleria coerulea*.
b. *Hypnum aduncum* — A Buzenol. — Juin 1909.

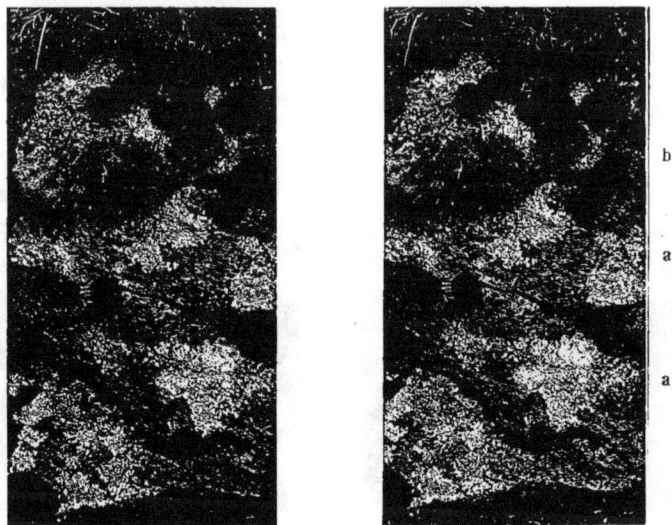

Phot. 460. Macigno d'Aubange (Virtonien). — a. *Lecanora calcarea* —
b. *Barbula sp.* — A Dampicourt. — Juin 1909. ($^1/_2$ g. n.)

jurassique.

Phot. 461. Prairie marécageuse à Buzenol. — a. *Eriophorum angustifolium.* — b *Pedicularis palustris.* — Juin 1909.

Phot. 462. Berge de ruisseau, à Messancy. — a. *Epilobium hirsutum.* — b. *Symphytum officinale.* — c. *Phleum pratense.* — Juin 1909.

District jurassique : lichens.

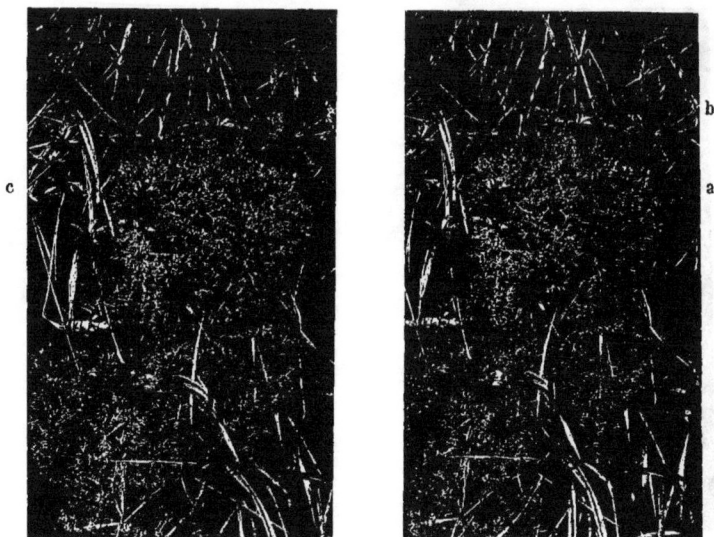

Phot. 463. a. *Cladonia rangiformis* — b. *Euphorbia Cyparissias* avec galle de *Perrisia subpatula*. — c. *Potentilla verna*. — Sur calcaire de Longwy (Bajocien) à Torgny. — Juin 1909. (¹/₂ g. n.)

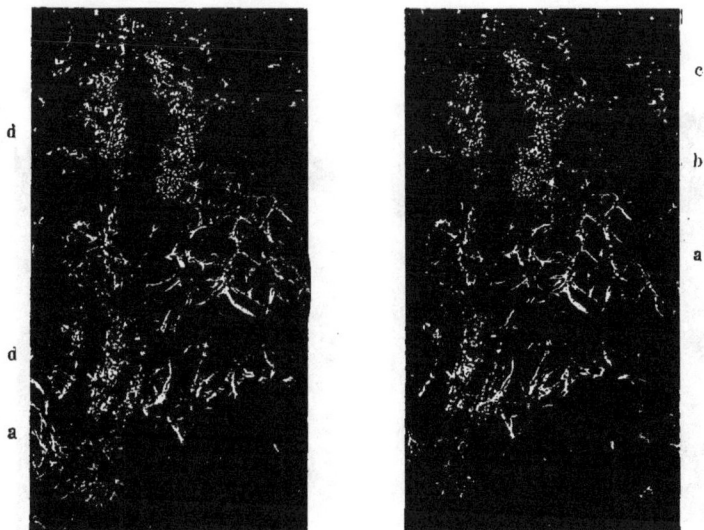

Phot. 464. Sur un tronc de *Quercus pedunculata*. — a. *Evernia prunastri* — b. *Usnea barbata*. — c. *Parmelia saxatilis*. — d. *Pertusaria amara*. — Entre Châtillon et Chantemelle. — Juin 1909. (¹/₄ g. n.)

District jurassique : scories de hauts fourneaux.

Phot. 465. a. *Botrychium Lunaria*. — b. *Rhodobryum roseum*. — c. *Hypnum Schreberi*. — A Buzenol. — Juin 1909. ($^1/_4$ g. n.)

Phot. 466. a. *Luzula campestris*. — b. *Herniaria glabra*. — c. *Linaria minor* — A Buzenol. — Juin 1909

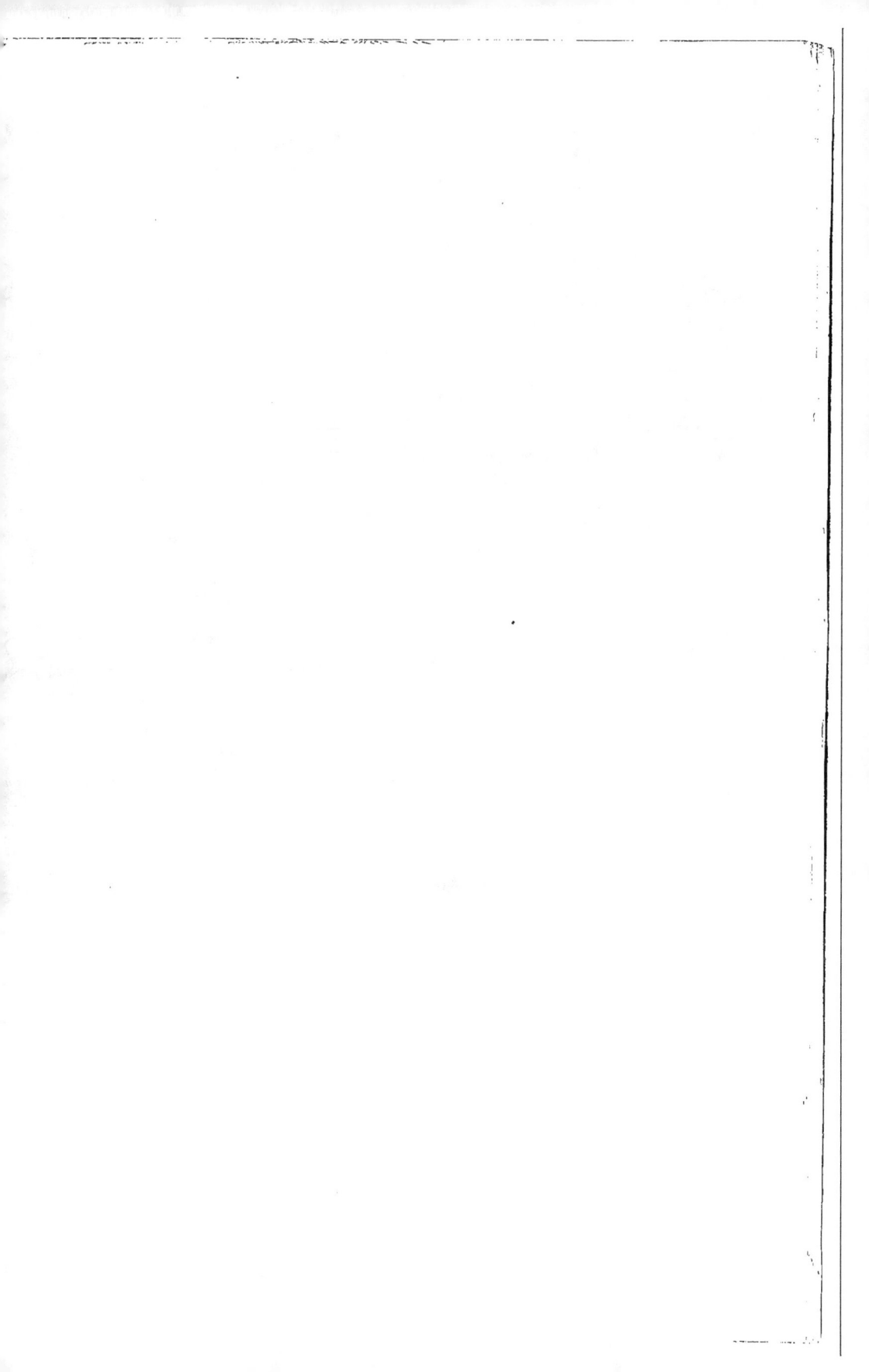

MER DU NORD

Knocke
Blankenberghe
De Haan
St Jean-in-Eremo
Basevelde
Kieldrecht
Doel
OSTENDE
BRUGES
Maldegem
Langeleede
PAYS DE WA
Westende
EECLOO
Moerraert
St NICOLAS
Ghistelle
Lophem
Ursel
Deknam
Tamise
Nieuport
Somergem
Thieltrode
Oost-Dunkerke
Aeltre
Bellem
Lokeren
Hamme
Bornhe
La Fanne
Coxyde
FURNES
Thourout
Wood
GAND
Overmeire
Zele
Moeres
Oostkerke
DIXMUDE
Borluert
TEMUNDE
Hounen
Woumen
Melle
METER
Clerchen
THIELT
Wetteren
PETIT BR
Loo
Houthulst
Hoogstede
de FURNES
ROULERS
Deynze
ALOST
Mo
Yser
Mandel
Aassche
Iseghem
LYS
Poperinghe
YPRES
Gheluvelt
COURTRAI
Anseghem
AUDENARDE
Ninove
Zillebeke
Menin
Nederbrakel
Ideghem
Hemmel
Wervicq
Grammont
Hal
Mouscron
Rhènes
Renaix
Flobecq
Marcq
Celles
Lessines
Enghien
Escaut
ATH
Oisq
TOURNAI
Leuze
Chiévres
Soignies
Braine-le-
Antoing
Peruwelz
Stambrugos
Casteau
Rœulx
N
Blaton
St Denis
Castea
Baudour
Obourg
Binche
Haine
St Ghislain
MONS
Fent
N-Ev
BORINAGE
Chly
THUIN
Roisin
PAYS
LIÉ
Bea
THIÉRA

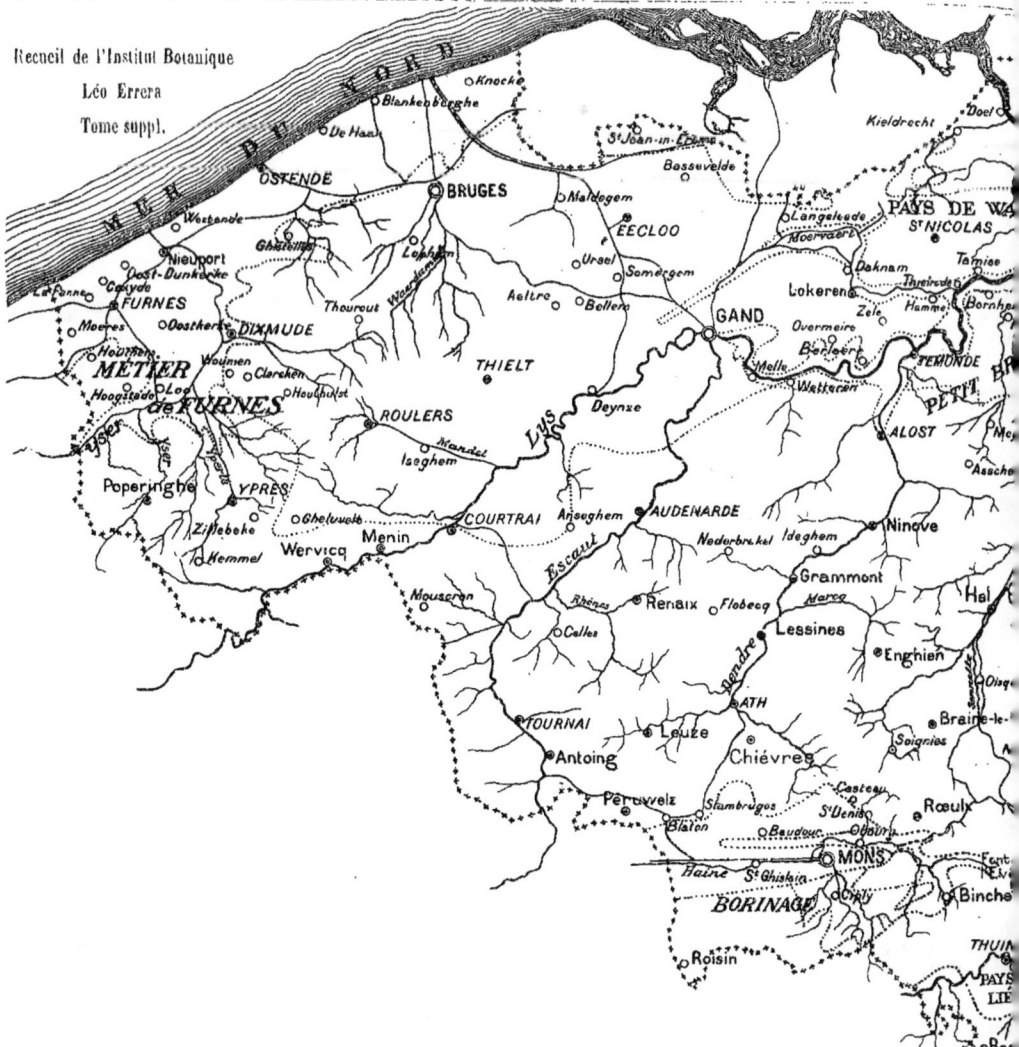

Carte géobotanique de la Belgique

ECHELLE $\frac{1}{800.000}$

I. — Domaine des Plaines de l'Europe N.-W.

Districts littoraux et alluviaux.
District flandrien.
District campinien.
District hesbayen.

II. — Domaine des Basses Montagnes de l'Europe centrale.

District crétacé.
District calcaire.
District ardennais.
District jurassique.
District subalpin.

Etablissements Généraux d'Imprimerie, 14, rue d'Or, Bruxelles.

Esschen
Calmpthout
Wuestwexel
Hoogstraeten
Reevels
Cappellen
Oostmalle
C
A
M
Londonck
Postel
TURNHOUT
Rethy
Schoode
Lichtaert
Lommel
Bree
Kinroy
Wasserich
P
A
ANVERS
Grobbendonck
Herenthals
Gheel
Moll
Meguiven
MAESEYCK
Petite Nèthe
Lierre
N
Nèthe
Hayet-op-den-Berg
Gr. Nèthe
Beeringen
Houthaelen
onda
m
MALINES
Wavre Ste Catherine
Dyle
Diest
Lonhoven
Genck
Reckheim
Demer
Aerschot
HAGELAND
Demer
Raecht
Wesemael
G. Gette
Therck-la-Ville
HASSELT
Diegenbeek
Vilvorde
Berg
Cortenberg
LOUVAIN
Beyert
Cannes
UXELLES
Tirlemont
Gette
Aiken
P. Gette
St Trond
Looz
TONGRES
Canne
Tervueren
HESBAYE
Gelinden
Heers
Lanaye
Fouron St Martin
Jleuxye
Gemmenich
beek
Jodoigne
Warnant
WAREMME
Vise
Hombourg
Moresnet
Waterloo
Wavre
Hannut
de HERVE
Henri-Chapelle
PAYS
LIÈGE
Herve
Wolkenraedt
Méhaigne
Villers-la-Ville
Eyhexee
Tunal
Esneux
Limbourg
VERVIERS
Vesdre
Semblour
Meuse
Louveigné
Baraqué
Michel
HUY
HAUTES
FAGNES
Sart
NAMUR
Marche-les-Dames
Modave
Amblève
Spa
Hockay
Roselies
Moty
Spy
Andenne
Hamoir
Clavier
Queroux
La Gleize
Francorchamps
RLEROI
Sambre
MARLAGNE
Napinne
Teilfer
Lustin
Bocq
Ciney
Durbuy
Vielsalm
Trois-Ponts
Stavelot
Châtelet
Fosse
CONDROZ
Yvoir
Houx
Hotton
Marenne
PLATEAU
Odeigne
DES
SAMBRE-ET-MEUSE
Walcourt
Bousignes
Anseremme
Hastière
DINANT
FAMENNE
Marche
Les Tailles
Bochamps
TAILLES
PHILIPPEVILLE
Thynes
Houyet
Hulsonniaux
Lesse
Rochefort
Jemelle
Han-s-Lesse
Nassogne
Laroche
Nadrin
Houffalize
FAGNE
Mariembourg
Viroin
Olloy
Beauraing
Grupont
Chimplon
Longchamps
Couvin
Noir
Bruly
Houille
Wellin
Gedinne
Poix
Libin
St Hubert
Amberloup
BASTOGNE
Cul-des-Sarts
Ochamps
Libramont
Paliseul
Justret
ARDENNE
Semois
Bouillon
NEUFCHATEAU
Herbeumont
Chiny
Attert
ARLON
Florenville
Etalle
PAYS
GAUMAIS
LORRAINE BELGE
Messancy
VIRTON
Aubange
Lamorteau
Ruette

LITH A MACHA

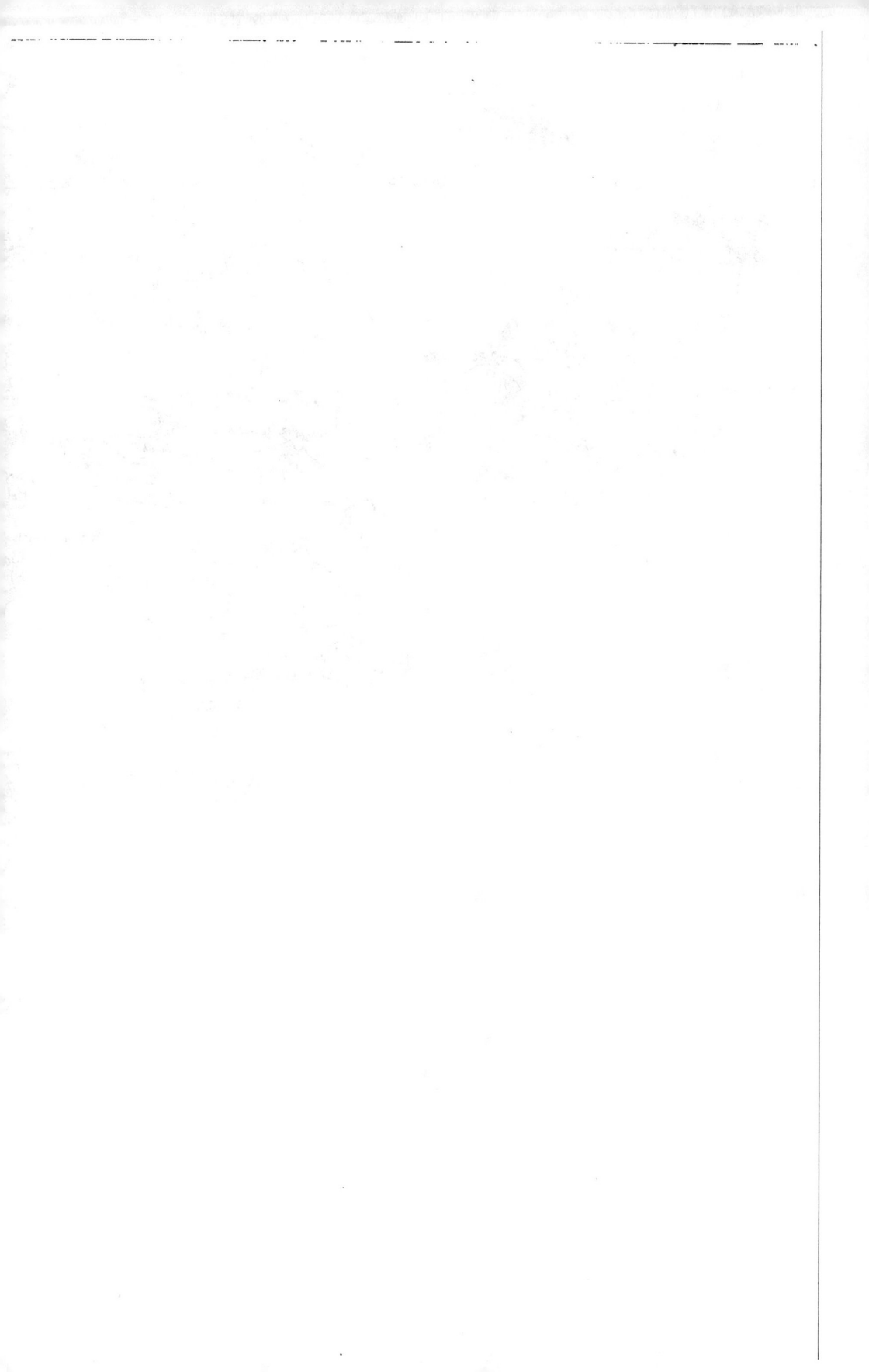

MER DU NORD

Knocke
Blankenberghe
De Haan
St Jean-in-Erem
Bassevel
Kieldrecht
Doel
OSTENDE
BRUGES
Maldegem
Langeleede
Moerzeke
PAYS DE W
St NICOLAS
Westende
EECLOO
Daknam
Tamise
Ghistelles
Loghem
Ursel
Somergem
Lokeren
Thulrode
Hamme
Bor
Nieuport
Oost-Dunkerke
Jan
Aeltre
Bellen
GAND
Zele
Overmein
Le Panne
Coxyde
Thourout
Bei
FURNES
Oostkerke
DIXMUDE
Melle
TEMONDE
Moeres
Wetteren
Houthem
Woumen
Clerchen
THIELT
PETIT
METIER
Log
ALOST
Hoogstade
Houthulst
ROULERS
Deynze
de FURNES
Lys
Mandel
Asse
Yser
Iseghem
Poperinghe
YPRES
Gheluvelt
COURTRAI
Anseghem
AUDENARDE
Ninove
Ziltebeke
Menin
Nederbrakel
Ideghem
Wervicq
Grammont
Hemmel
Escaut
Rhones
Rehaix
Flobecq
Marca
Hal
Mouscron
Celles
Lessines
Enghien
ATH
TOURNAI
Leuze
Braine
Antoing
Chièvres
Soignies
Péruwelz
Stambruges
Costeau
S'Denis
Roeulx
Bleton
Baudour
Dour
Haine
St Ghislain
MONS
Binc
BORINAGE
Ciply
Roisin
THI
Pa

Mise en culture du sol de la Belgique

ECHELLE $\frac{1}{800.000}$

Landes, bruyères, fagnes, dunes.

Bois.

Étangs, mares.

non teintées Terres cultivées.

Etablissements Généraux d'Imprimerie, 14, rue d'Or, Bruxelles

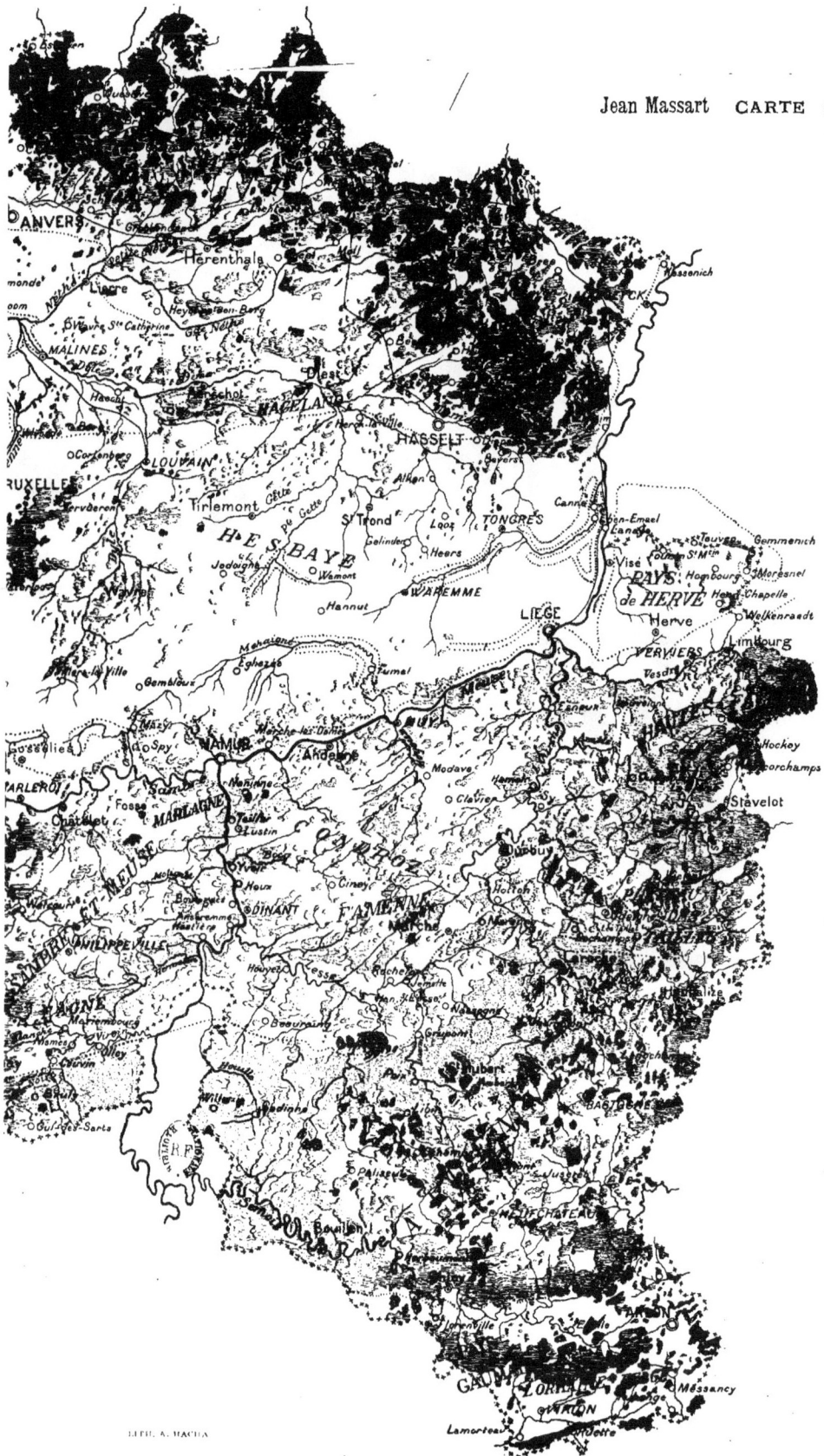

Recueil de l'Institut Botanique

Léo Errera

Tom. suppl.

MER DU NORD

Anneke

Blankenberghe

De Haan

OSTENDE

Kieldrecht

Dost

St Jean-in-Eremo

Bassevelde

Langeleede

Moervaart

PAYS DE W
St NICOLAS

BRUGES

Maldegem

EECLOO

Daknam

Tamise

Thielroden

Westende

Ghistelles

Ursel

Somergem

Lokeren

Zele

Hamme

Born

Nieuport

Oost-Dunkerke

Lophem

GAND

Overmeire

Berlaere

TERMONDE

Hyde

FURNES

Oostkerke

DIXMUDE

Aeltre

Bellem

Molle

Wetteren

PETIT B

Adinkerke

Wolimen

Clercken

Houthulst

THIELT

ALOST

Aesche

METIER

Hooghstade

Log

de FURNES

ROULERS

Deynze

Ninove

Poperinghe

Ziflebeke

YPRES

Gheluvelt

Mandel

Iseghem

Ninove

Wervicq

Menin

COURTRAI

Anseghem

AUDENARDE

Nederbrakel

Ideghem

Hemmel

Mouscron

Rhenes

Renaix

Flobecq

Marco

Grammont

Hal

Celles

Lessines

Enghien

Oisq

TOURNAI

ATH

Braine-le-

Seignies

Antoing

Leuze

Chièvres

THIÉRAC

Péruwelz

Casteau

St Denis

Roeulx

Blaton

Stambruges

Baudoa

Obourg

Binche

Baine St Ghislain

MONS

Font

Feve

BORINAGE

Roisin

THUIN

PAYS
LIÉ

Bea

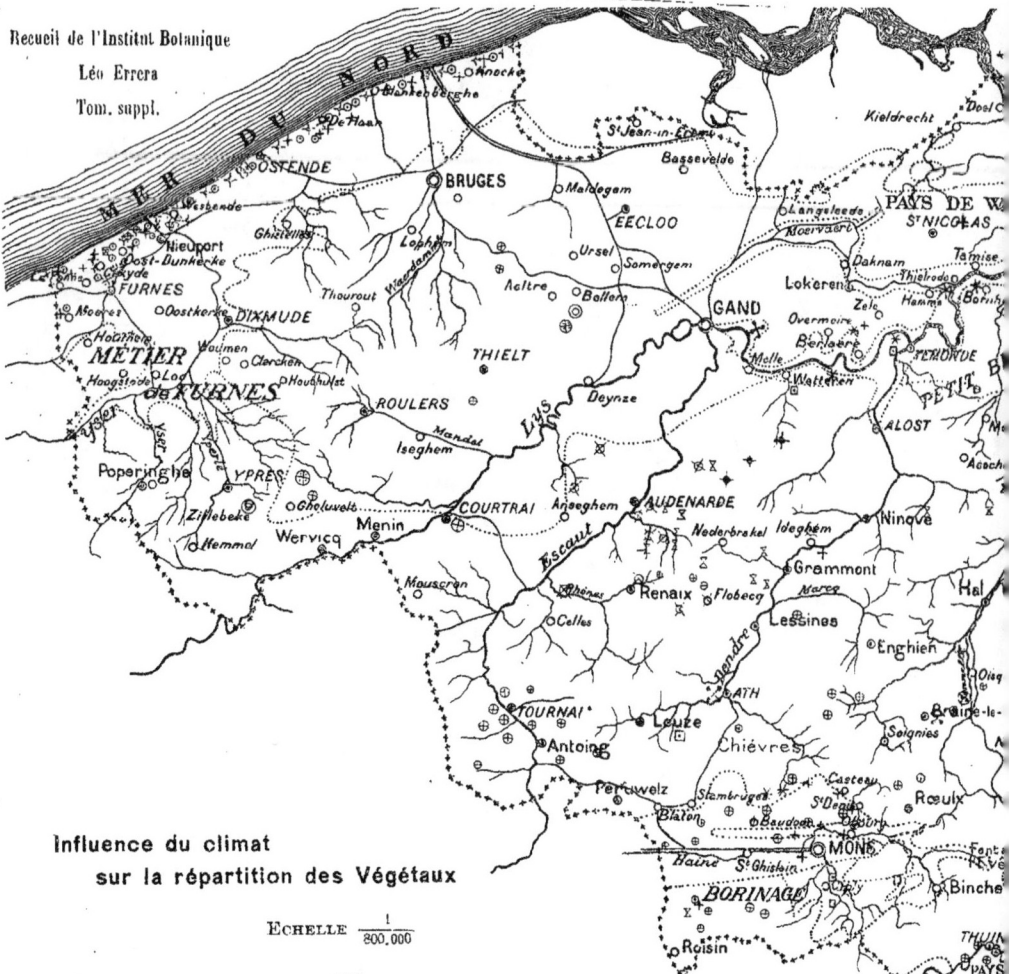

Influence du climat sur la répartition des Végétaux

ECHELLE $\frac{1}{800.000}$

CLIMAT LITTORAL (à variations très légères).

- + Phleum arenarium.
- ⊠ Trichostomum flavovirens.
- ⊕ Ulota phyllantha.
- ✳ Ramalina evernioides.

CLIMAT DES PLAINES (à variations faibles).

- + Carex arenaria.
- ⊙ Ammophila arenaria.
- O Spergula Morisoni.
- • Herniaria hirsuta.
- ✕ Anthoceros laevis.
- ⊕ Scilla non-scripta.
- ✦ Targionia hypophylla.
- ✕ Lathraea clandestina.
- ⊡ Physcomitrella patens.
- Ƶ Geranium phaeum.
- ✳ Cicuta virosa.

- ◎ Elatine hexandra.
- ▫ Subularia aquatica.
- ⊛ Lobelia Dortmanna.

CLIMAT DU PAYS ACCIDENTÉ (à variations fortes et à étés chauds).

- + Pirus Aria.
- ⊕ Sambucus racemosa.
- ◎ Thymelaea Passerina.
- ⊙ Buxus sempervirens.
- ⊡ Artemisia camphorata.
- △ Anemone Pulsatilla.
- ▫ Adonis aestivalis.
- ✶ Dianthus caesius.

CLIMAT SUBALPIN.

- ✳ Andreaea petrophila.
- ⊜ Ephebe pubescens.
- ⊚ Lycopodium alpinum.
- ▫ Allosorus crispus.
- ⊝ Oligotrichum hercynicum.

- Corallorhiza innata.
- Rhabdoweissia denticulata.
- Empetrum nigrum.
- Vaccinium uliginosum.
- Arnica montana.
- Trientalis europaea.

PLANTES RECHERCHANT DES ENDROITS TRANQUILLES ET HUMIDES.

- • Lunaria rediviva.
- + Thamnium alopecurum.
- ⊠ Hymenophyllum tunbridgense.

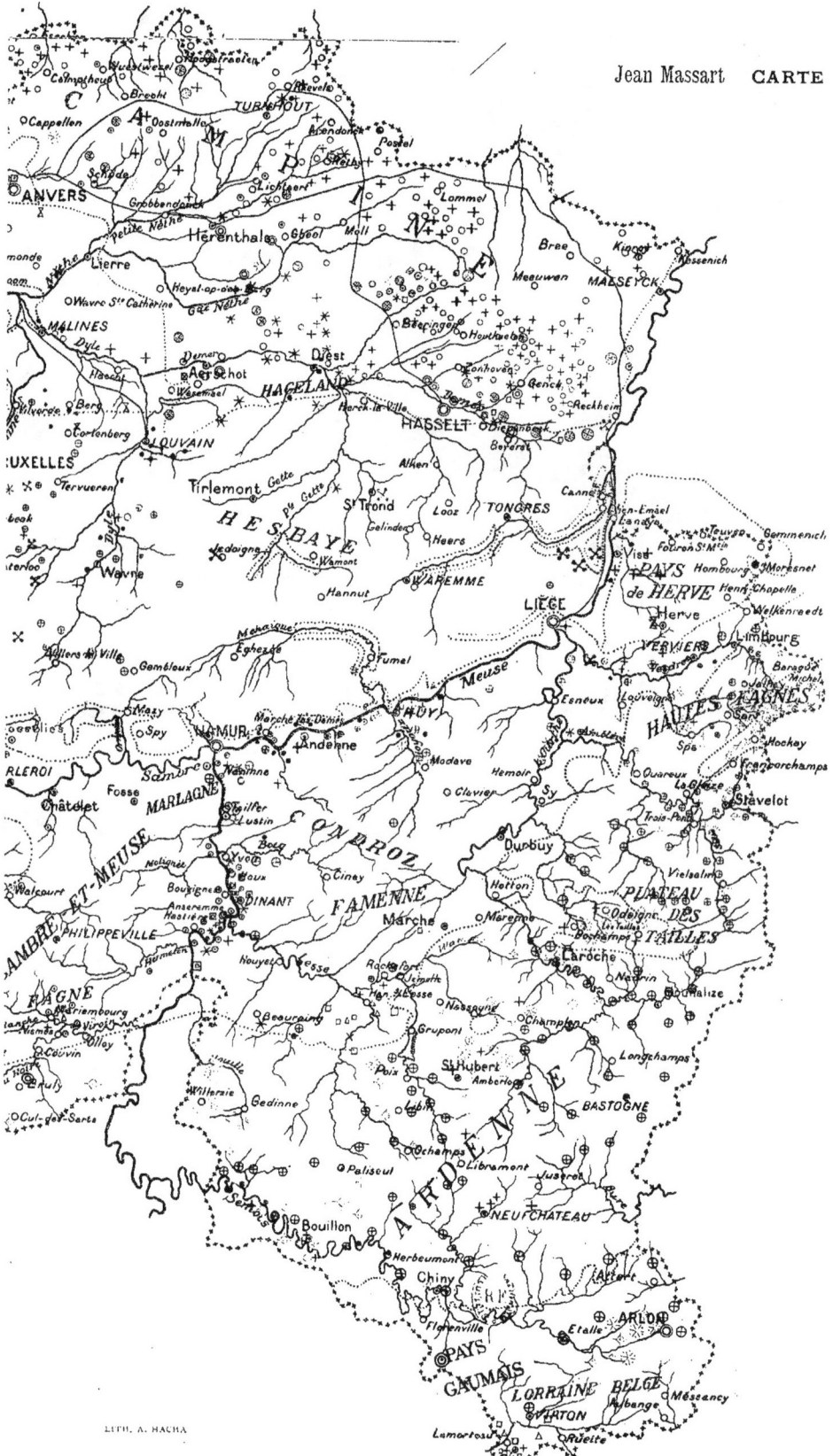

Cappellen
Colmaghout
Brecht
Schoten
Grobbendonck
ANVERS
monde
Lierre
Wavre Ste Catherine
MALINES
Dyle
Haeght
Berg
Vilverde
Cortenberg
LOUVAIN
UXELLES
Tervueren
beek
Waterloo
Wavre
Villers la Ville
Gembloux
RLEROI
Châtelet
Fosse
MARLAGNE
PHILIPPEVILLE
FAGNE
Mariembourg
Virois
Nismes
Couvin
Cul-des-Sarts

TURNHOUT
Oostmalle
Schilde
Lichtaert
Herenthals
Gheel
Moll
Petite Nèthe
Heyst-op-den-Berg
Gaz Nèthe
Demer
Aerschot
Wesemael
HAGELAND
Diest
Herck-la-Ville
HASSELT
Tirlemont
Gette
St Trond
HESBAYE
Jodoigne
Wamont
Hannut
WAREMME
Mazy
Spy
NAMUR
Andenne
Namèche
Samson
Profondeville
Lustin
CONDROZ
Bois
Yvoir
Bouvignes
Anseremme
DINANT
Hastière
Hermeton
Nouvet
Houyet
Wéris
Ciney
FAMENNE
Marche
Rochefort
Han s/Lesse
Beauraing
Willerzie
Gedinne
Pondrôme
Poix
St Hubert
ARDENNE
Paliseul
Serteux
Bouillon
Herbeumont
Chiny
Florenville
PAYS
GAUMAIS
LORRAINE BELGE
VIRTON
Lamorteau
Rulette

CAMPINE
Oostmalle
Arendonck
Postel
Lommel
Bree
Meeuwen
MALSEYCK
Beeringen
Houthaelen
Genck
Reckheim
Beverst
TONGRES
LIÈGE
Herve
VERVIERS
HAUTES FAGNES
Spa
Hockay
Francorchamps
Stavelot
Trois-Ponts
Durbuy
Hotton
Marenne
Laroche
Nassogne
Champlon
Longchamps
BASTOGNE
Ochamps
Libramont
Jusseret
NEUFCHATEAU
Attert
Etalle
ARLON
Messancy

LITH. A. HACHA

MER DU NORD

Knocke
Blankenberghe
De Haan
St-Jean-in-Eremo
Bassevelde
Kieldrecht
La Doël
OSTENDE
BRUGES
Maldegem
Langeleede
Moerwaes
PAYS DE WA
St-NICOLAS
Westende
EECLOO
Ursel
Somergem
Dakham
Tamise
Nieuport
Ghistelles
Lophem
Aeltre
Bellem
Lokeren
Zele
Hamme
Borhm
Oost-Dunkerke
Coxyde
FURNES
Thourout
Overmeire
Bornhem
Les Panns
Moeres
Oostkerke
DIXMUDE
GAND
Melle
TEMONDE
PETIT BR
Houthem
THIELT
Watteten
MÉTIER
Woumen
Clercken
de FURNES
Hoogstaede
Loo
Houthulst
ROULERS
Deynze
ALOST
Assche
Mandel
Iseghem
LYS
Poperinghe
YPRES
Ziflebeke
Gheluwelt
COURTRAI
Anseghem
AUDENARDE
Ninove
Menin
Nederbrakel
Ideghem
Mep
Wervicq
Kemmel
Grammont
Hal
Mouscron
Escaut
Rhenes
Renaix
Flobecq
Marcq
Lessines
Celles
Enghien
Olsque
Dendre
ATH
Braine-le-C
TOURNAI
Leuze
Chièvres
Soignies
NI
Antoing
Castean
Roeulx
Peruwelz
Stambruges
S.Denis
Blaton
Baudour
Odg.m
Footal
Haine
St-Ghislain
MONS
Binche
BORINAGE
Roisin
THUIN
PAYS
LIEG
THIBRAC
Beau
O R

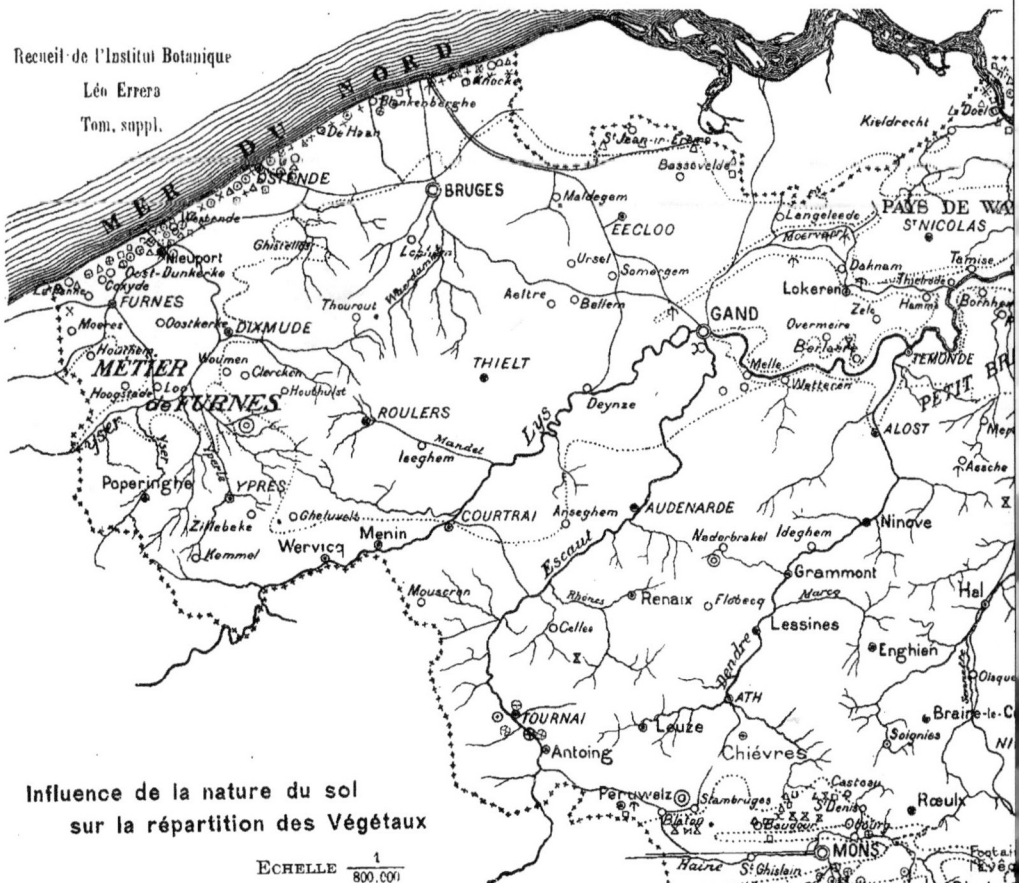

Influence de la nature du sol sur la répartition des Végétaux

ECHELLE $\frac{1}{800.000}$

TERRAINS LITTORAUX.

Brise-lames et estacades marines.
⊙ Fucus vesiculosus.

Slikkes.
✳ Zostera nana.

Schorres et argiles saumâtres.
△ Atropis maritima.
□ Atriplex portulacoides.

Sables littoraux.
⊕ Euphorbia Paralias.
+ Eryngium maritimum.

Digues marines.
⊡ Cochlearia danica.

Murs plongeant dans l'eau de mer.
⊠ Beta maritima.

Eaux saumâtres.
✳ Ruppia maritima.

TERRAINS STÉRILES NON CALCAIRES.

Sols non calcaires.
○ Plagiothecium elegans.

Sables non calcaires.
✗ Scleranthus perennis.

Prairies marécageuses.
↑ Aspidium Thelypteris.

Eaux tourbeuses.
• Narthecium ossifragum.

□ Vaccinium Oxycoccos.
△ Andromeda poliifolia.
✗ Micrasterias div. species.

Ruisseaux non calcaires.
◎ Scapania undulata.
⊕ Rhacomitrium aciculare.

Rochers non calcaires.
⊙ Orthotrichum rupestre.
+ Schistostega osmundacea.
✳ Grimmia montana.
◇ Endocarpon aquaticum.
⊹ Umbilicaria pustulata.

TERRAINS CALCAIRES.

Sols calcaires ou crayeux, meubles ou pierreux.

◑ Adonis autumnalis.
◎ Adonis flammea.
✗ Bromus arduennensis.
□ Anacamptis pyramidalis.
◉ Teucrium Chamaedrys.
⊡ Geranium sanguineum.
⊠ Gentiana ciliata.
○ Orobanche caryophyllacea.
◎ Orobanche Hederae.
△ Herminium Monorchis.
⊕ Iberis amara.
⊕ Arabis arenosa.

✗ Lonicera Xylosteum.
⊕ Solorina saccata.

Ruisseaux calcaires.
⊹ Lemanea fluviatilis et Lemanea torulosa.

Rochers calcaires, nus.
○ Grimmia orbicularis.
⊕ Lactuca perennis.
+ Sisymbrium austriacum.
⊙ Endocarpon miniatum.

TERRAINS CALAMINAIRES :

Viola lutea.
Thlaspi alpestre calaminare.
Alsine verna.
Armeria elongata.

Établissements Généraux d'Imprimerie, 14, rue d'Or, Bruxelles.

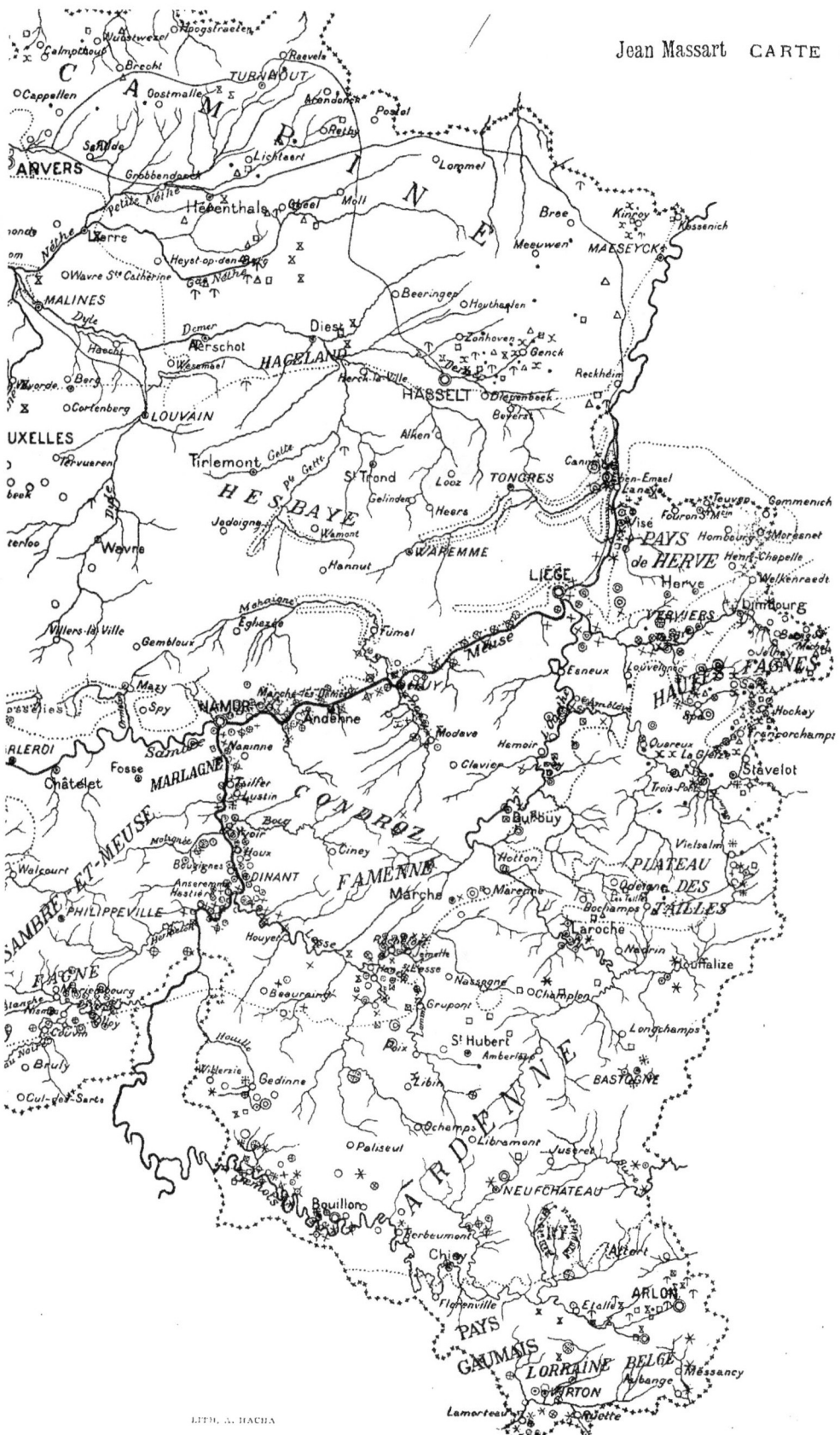

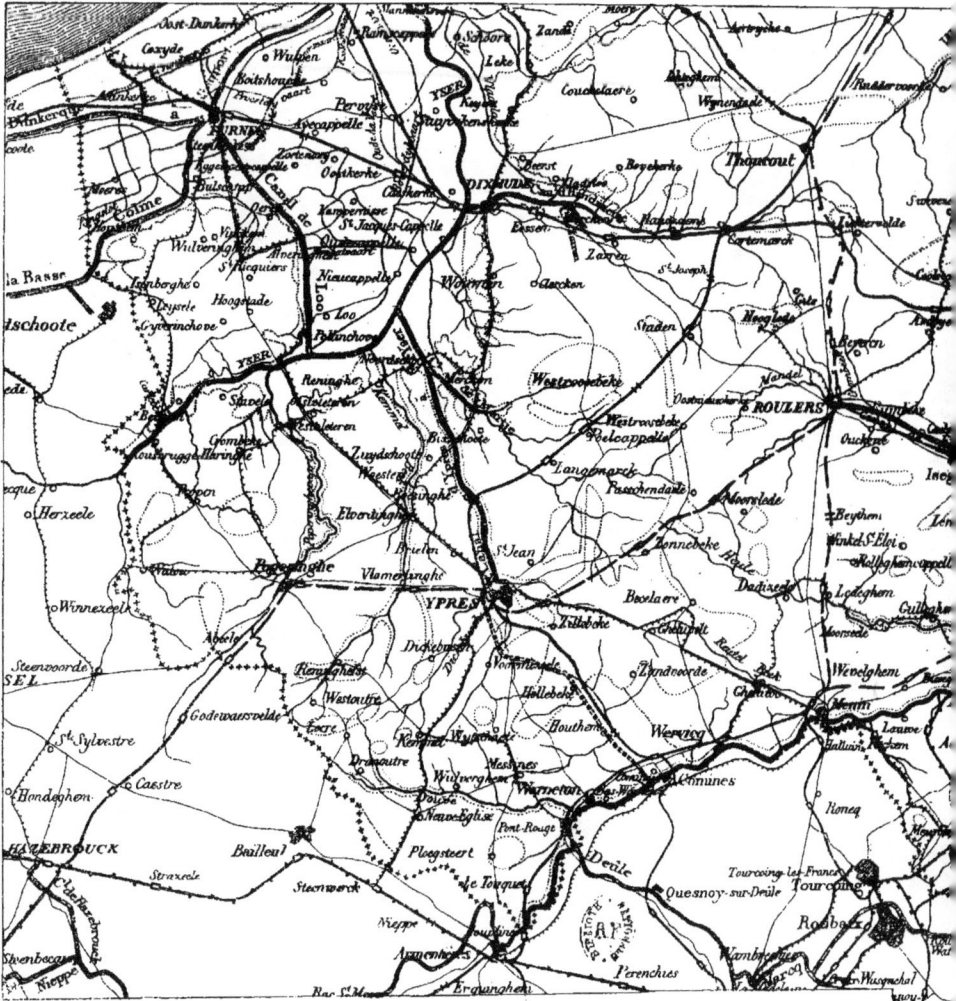

Le sol de la partie S.-W. de la Belgique

ÉCHELLE $\frac{1}{320.000}$

Argiles poldériennes.

Argiles éocènes.

Alluvions limoneuses modernes.

Limons pleistocènes (Flandrien, Brabantien, et Hesbayen).

Sables des dunes littorales et des dunes internes.

Sable flandrien.

Sables pleistocènes inférieurs, pliocènes ou éocènes.

Établissements Généraux d'Imprimerie, 14, rue d'Or, Bruxelles.

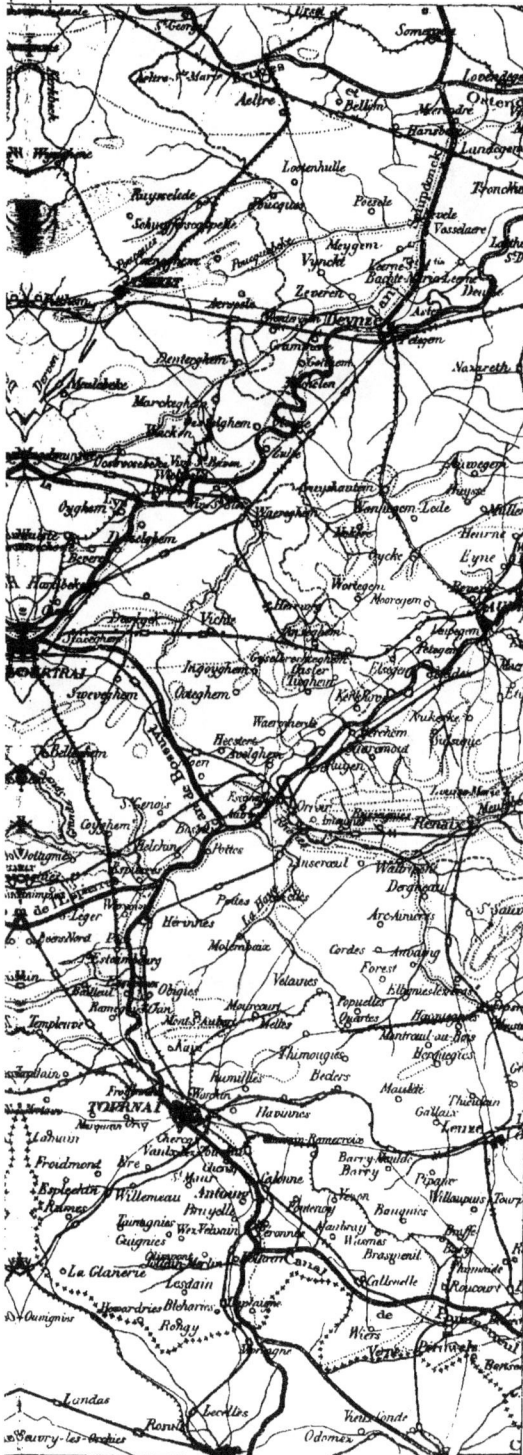

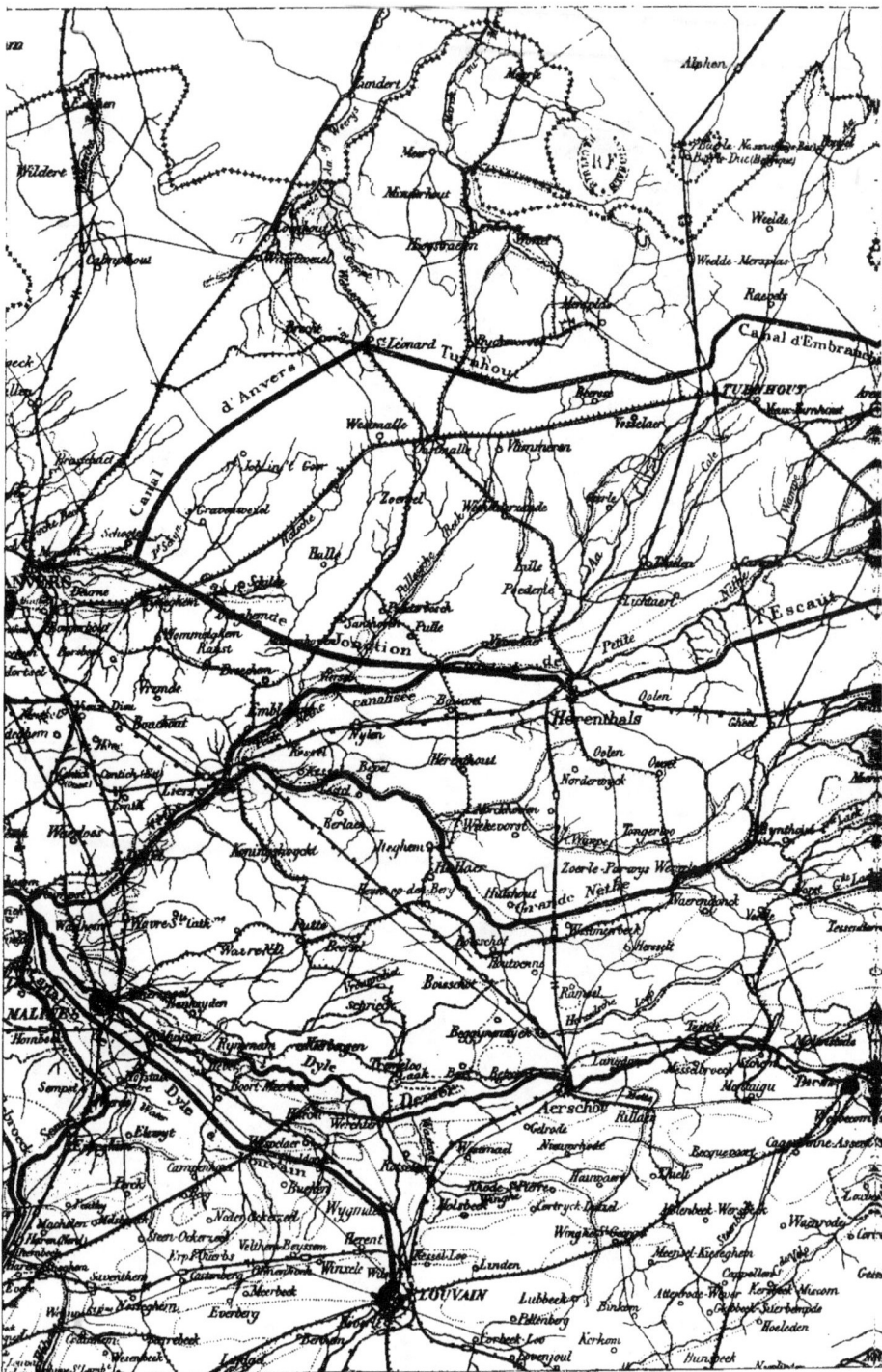

Le sol du district campinien

ECHELLE $\frac{1}{320.000}$

Sables quartzeux (pléistocènes, oligocènes et éocènes).

Sables ferrugineux ou glauconifères (pliocènes).

Alluvions sableuses ou tourbeuses (holocènes).

Alluvions limoneuses (holocènes).

———

Sables plus ou moins limoneux (pléistocènes).

Limons (pléistocènes).

Alluvions argileuses (holocènes).

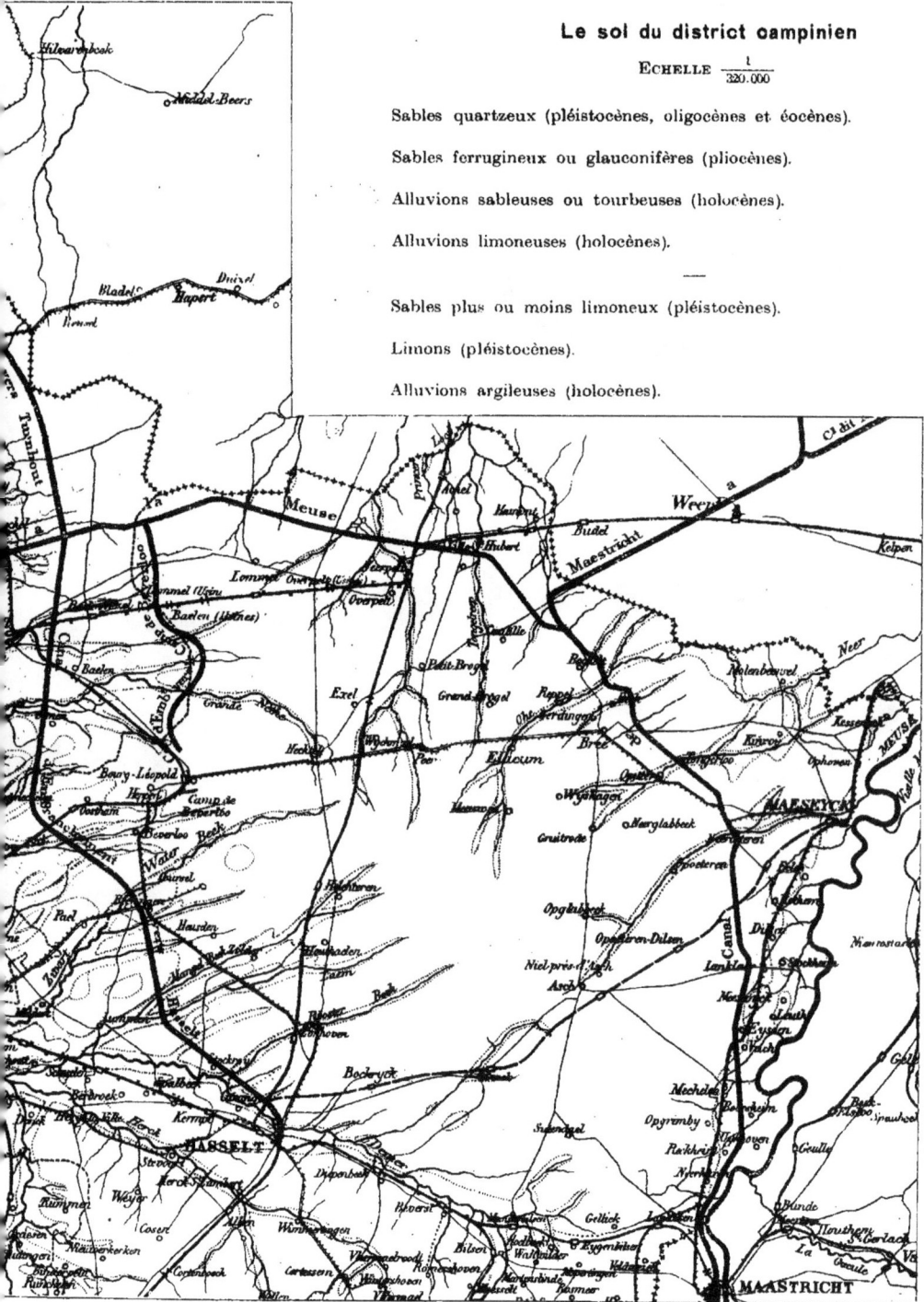

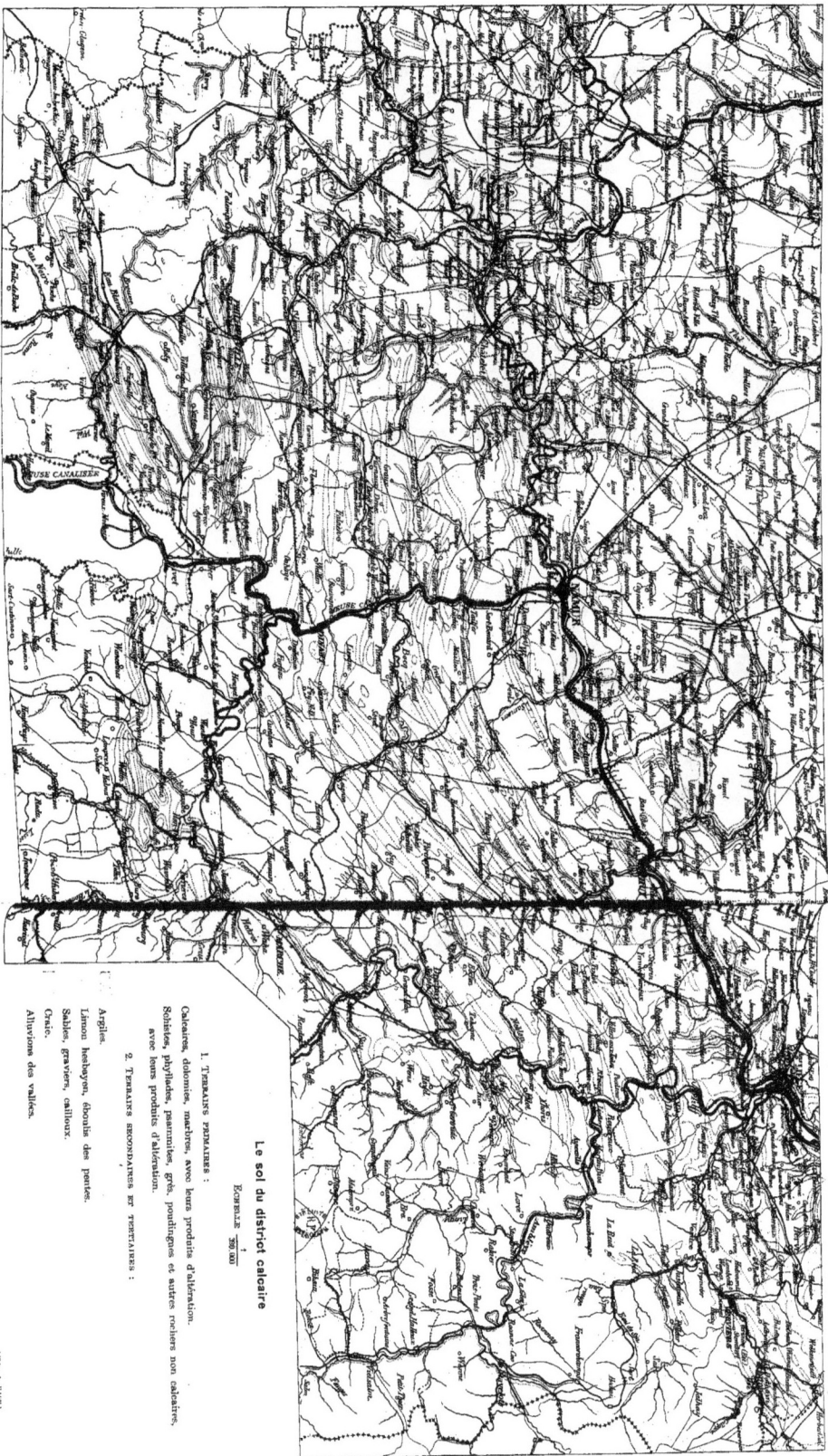

Le sol du district calcaire

ÉCHELLE $\frac{1}{200\,000}$

1. TERRAINS PRIMAIRES :

Calcaires, dolomies, marbres, avec leurs produits d'altération.

Schistes, phyllades, psammites, grès, poudingues et autres roches non calcaires, avec leurs produits d'altération.

2. TERRAINS SECONDAIRES ET TERTIAIRES :

Argiles.

Limon hesbayen, fibonds des pentes.

Sables, graviers, cailloux.

Craie.

Alluvions des vallées.

Établissements Généraux d'Imprimerie, 14, rue d'Or, Bruxelles.

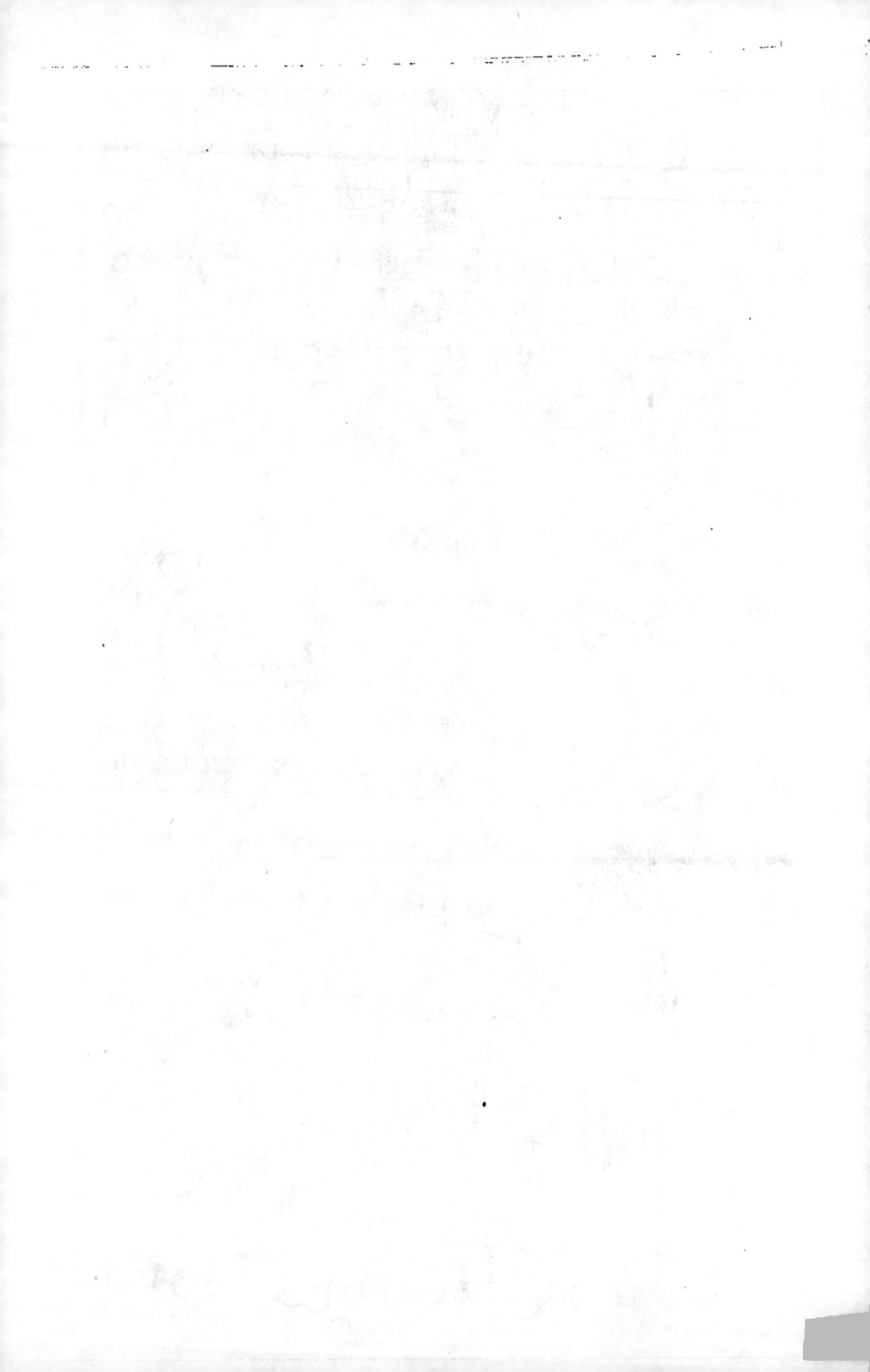

Le sol du district calcaire

Échelle $\frac{1}{320.000}$

1. TERRAINS PRIMAIRES :

Calcaires, dolomies, marbres, avec leurs produits d'altération.

Schistes, phyllades, psammites, grès, poudingues et autres rochers non calcaires, avec leurs produits d'altération.

2. TERRAINS SECONDAIRES ET TERTIAIRES :

Argiles.

Limon hesbayen, éboulis des pentes.

Sables, graviers, cailloux.

Craie.

Alluvions des vallées.

LITH. A. BACHA

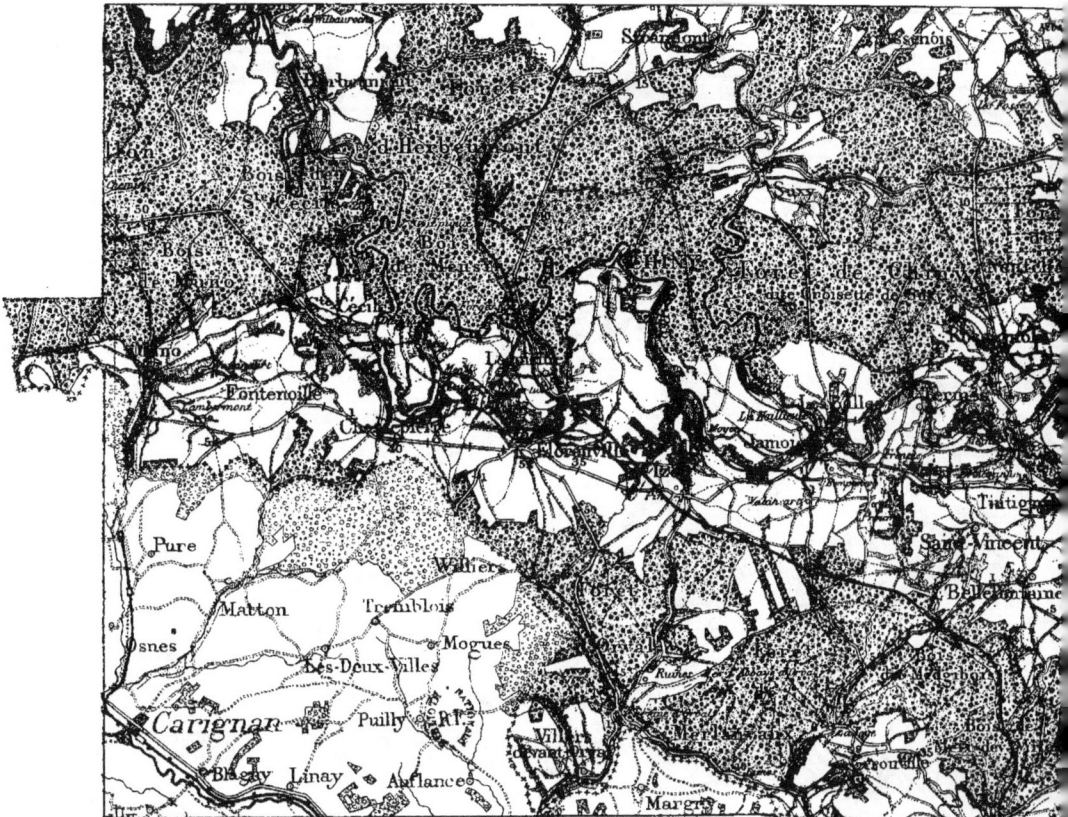

Le sol du district jurassique

ÉCHELLE $\frac{1}{160.000}$

Calcaire (Bajocien).

Macignos (Virtonien).

Grès calcaires (Sinémurien).

Schistes ou argilites (Toarcien, Virtonien).

Grès et sables non calcaires (Virtonien, Hettangien).

Poudingue (Trias): cailloux, graviers et limons (Rhétien et Pléistocène).

Marnes (Toarcien, Hettangien, Trias).

Alluvions limoneuses, sableuses ou tourbeuses (Holocène).

Phyllades, psammites, quartzophyllades, quartzites (Dévonien).

Établissements Généraux d'Imprimerie, 14, rue d'Or, Bruxelles.

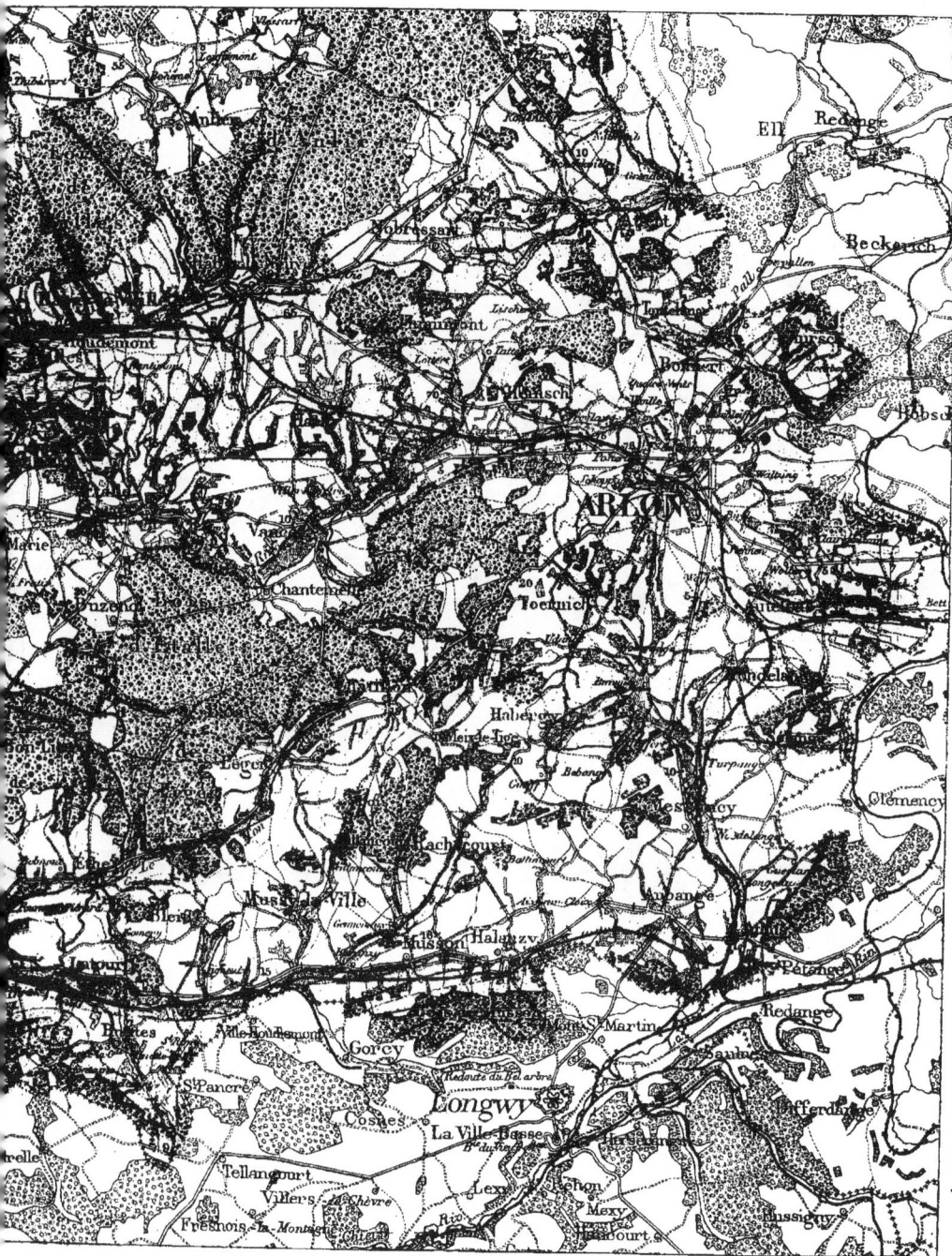

MER DU NORD

FRANCE

Blankenberghe

Heyst

BRUGES

Westende
Ghistelles
Nieuport
Furnes
DIXMUDE

Fless

La Mandel Riv

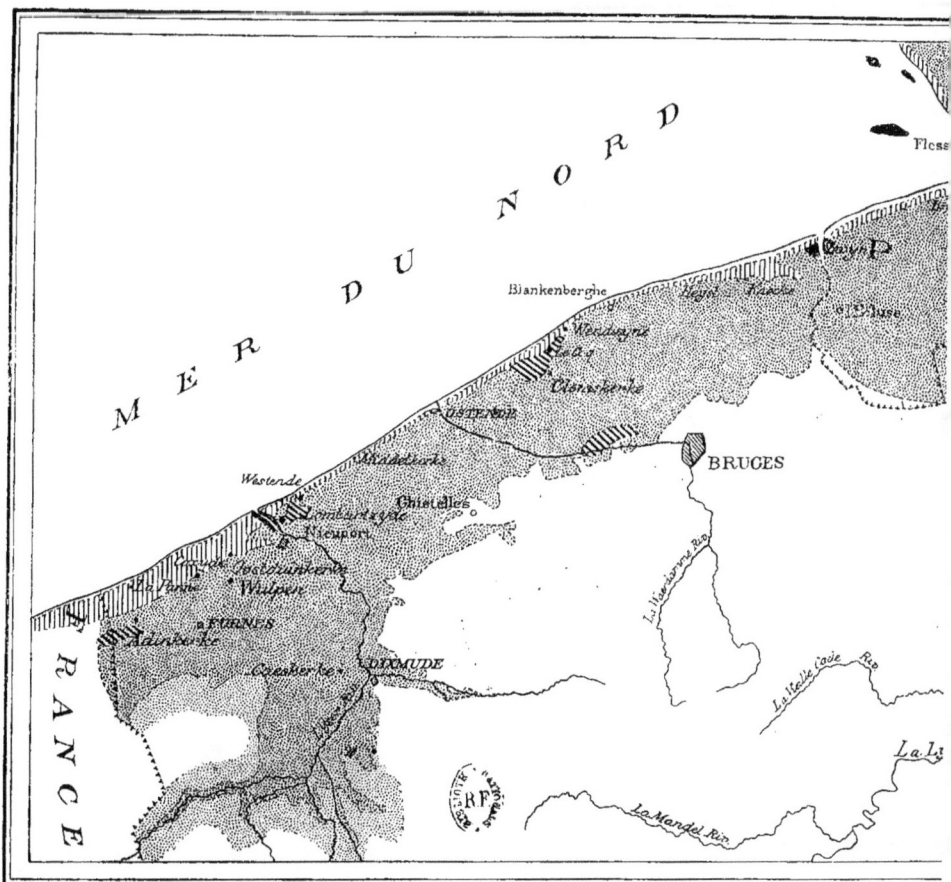

Dunes littorales   Alluvions marines   Allu

Les districts littoraux et a

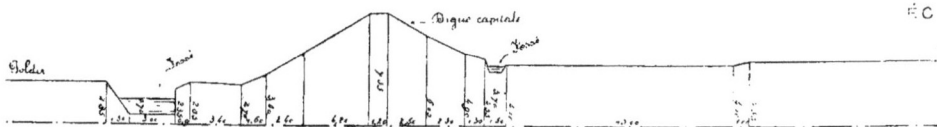

Coupe de la berge de l'Escaut, d'une diguette, d'une prairie inondable, d'une digue capitale et d'un polder

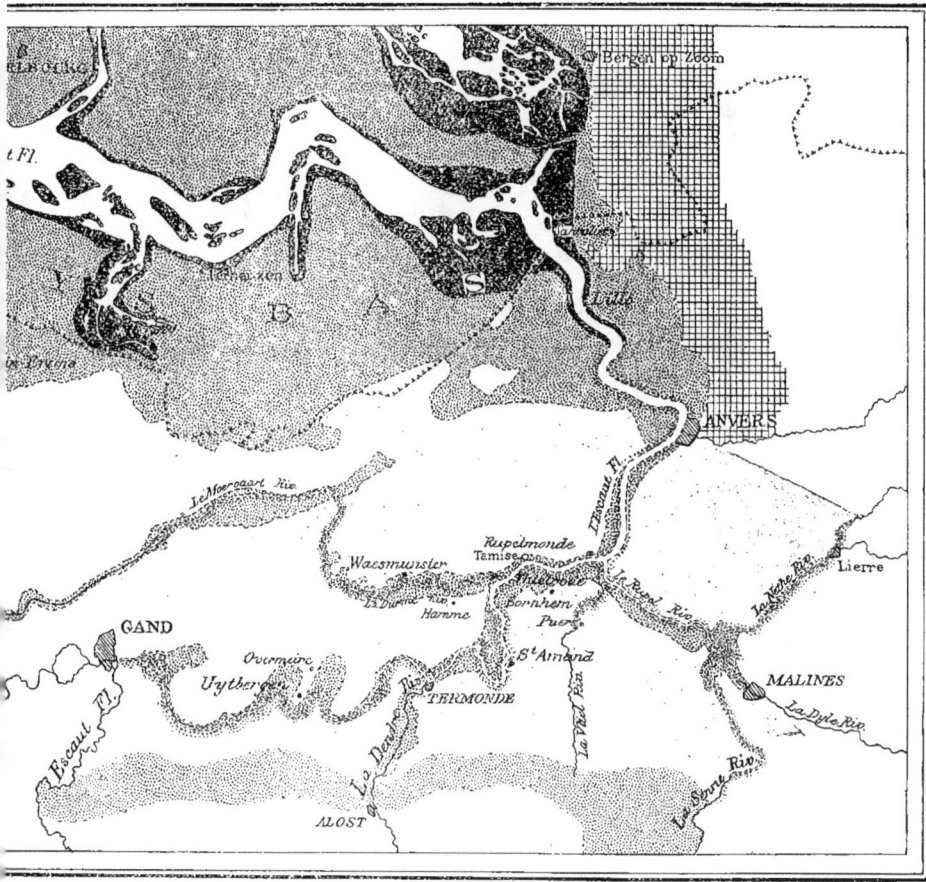

fluviales   Polders argileux   Polders sablonneux et dunes internes

. — Échelle $\frac{1}{50,000}$.

E : 0.0025

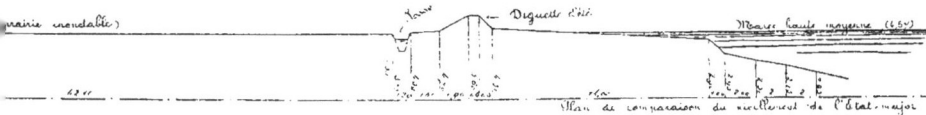

ode. (Cette figure se rapporte au district des alluvions fluviales et au district des polders argileux, p. **178**.)

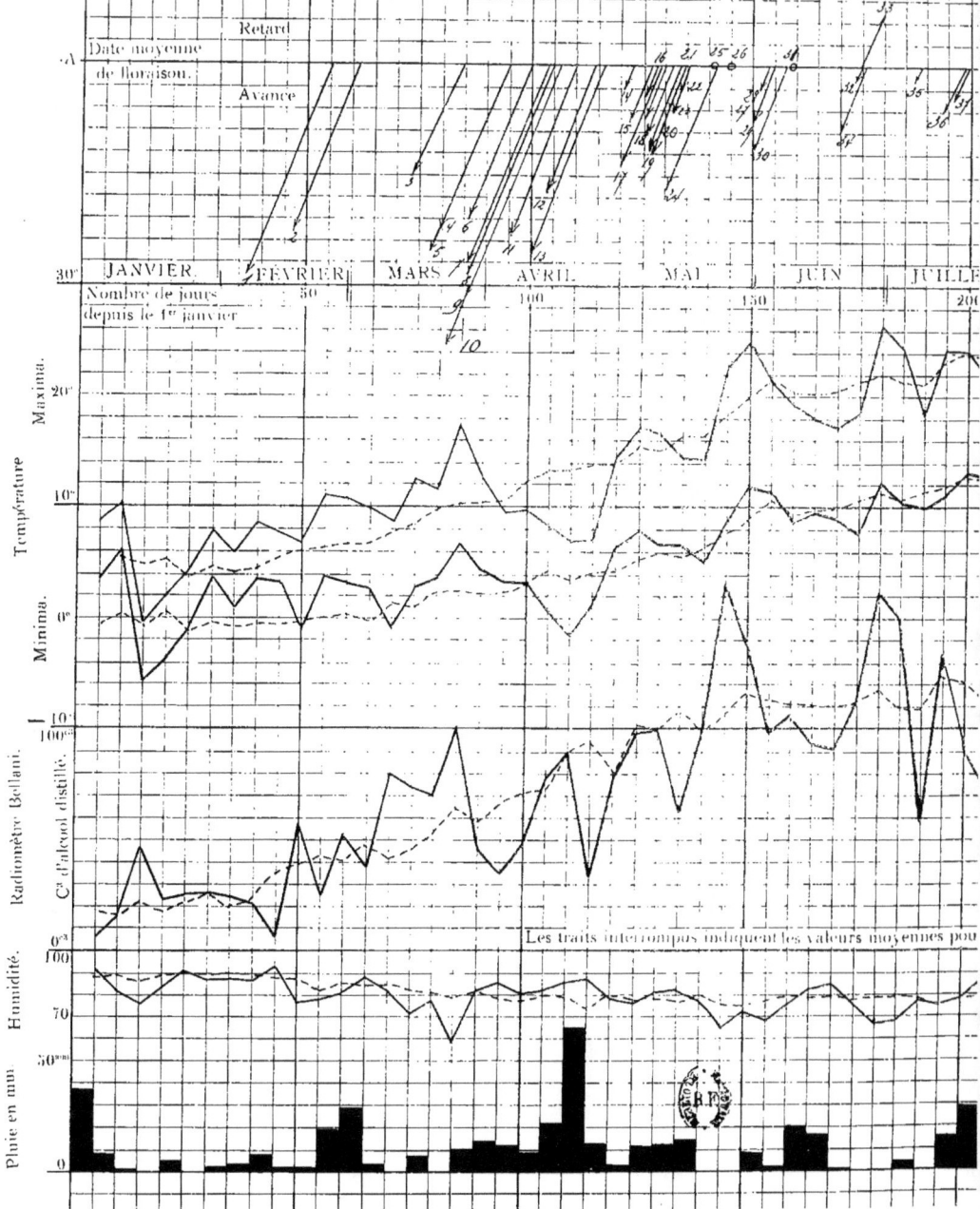

Retard

Date moyenne
de floraison.

Avance

30° JANVIER. FÉVRIER MARS AVRIL MAI JUIN JUILLET

Nombre de jours
depuis le 1ᵉʳ janvier

50   100   150   200

Maxima.

20°

10°

0°

Minima.

10°
100ᶜᶜ

C.ᵉ d'alcool distillé.

Radiomètre Bellani.

Température

0ᶜᶜ

Les traits interrompus indiquent les valeurs moyennes pou...

100

Humidité.

70

50ᵐᵐ

Pluie en mᵐ

0

1903

AOÛT | SEPTEMBRE | OCTOBRE | NOVEMBRE | DECEMBRE

250   300   350

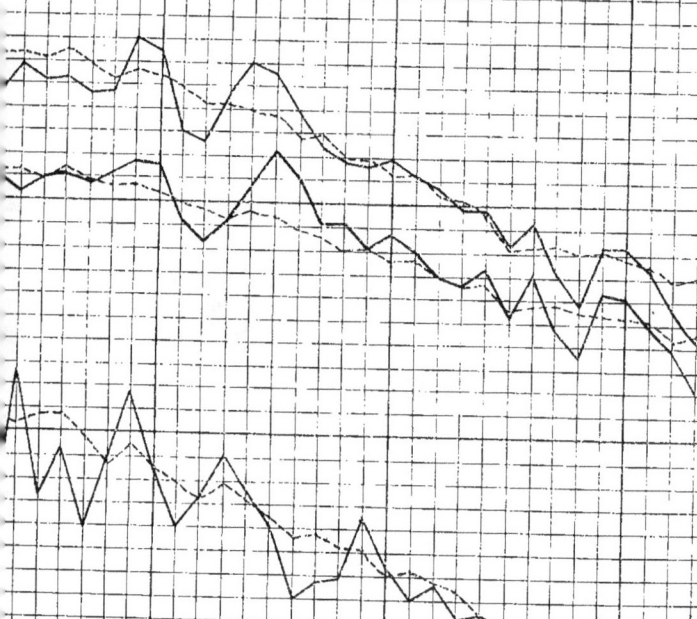

années d'observations.

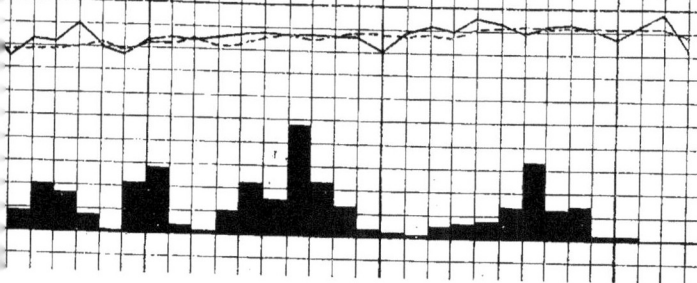

PLANTES

1. Corylus Avellana.
2. Alnus glutinosa.
3. Salix caprea.
4. Forsythia viridissima.
5. Ribes sanguineum.
6. Ribes rubrum.
7. Ribes alpinum.
8. Iberis sempervirens.
9. Prunus spinosa.
10. Cydonia japonica.
11. Sambucus racemosa.
12. Saxifraga crassifolia.
13. Prunus Padus.
14. Asperula odorata.
15. Staphylea pinnata.
16. Syringa vulgaris.
17. Lonicera Xylosteum.
18. Pyrus Aucuparia.
19. Syringa persica.
20. Mespilus monogyna.
21. Berberis vulgaris.
22. Cydonia vulgaris.
23. Laburnum vulgare.
24. Evonymus europaea.
25. Rosa rugosa.
26. Paeonia officinalis.
27. Philadelphus coronarius.
28. Rosa canina.
29. Iris germanica.
30. Sambucus nigra.
31. Cornus sanguinea.
32. Lychnis chalcedonica.
33. Ligustrum vulgare.
34. Hemerocallis fulva.
35. Aconitum Napellus.
36. Melissa officinalis.
37. Eupatorium cannabinum.
38. Hydrangea paniculata.
39. Aster horizontalis.

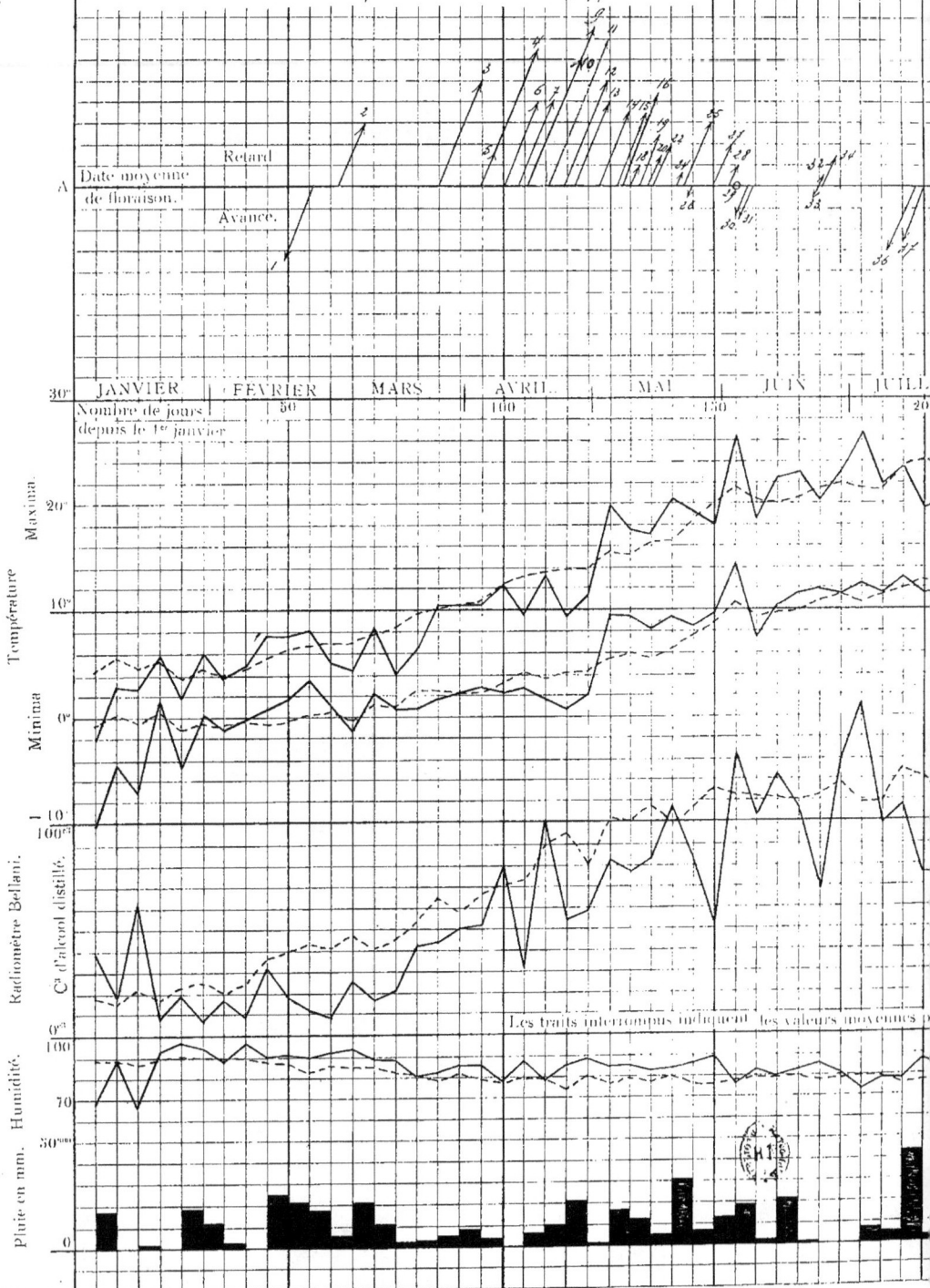

Recueil de l'Institut botanique Léo Errera. Tome supplémentaire.

A   Date moyenne de floraison.

Retard

Avance.

JANVIER   FÉVRIER   MARS   AVRIL   MAI   JUIN   JUILL.

Nombre de jours depuis le 1ᵉʳ janvier

50   100   150   20

Maxima.   Température   Minima

Radiomètre Bellani.   C³ d'alcool distillé.

Les traits interrompus indiquent les valeurs moyennes

Humidité.   Pluie en mm.

1908

PLANTES

1. Corylus Avellana.
2. Alnus glutinosa.
3. Salix caprea
4. Forsythia viridissima.
5. Ribes sanguineum.
6. Ribes rubrum.
7. Ribes alpinum.
8. Iberis sempervirens
9. Prunus spinosa.
10. Cydonia japonica.
11. Sambucus racemosa.
12. Saxifraga crassifolia.
13. Prunus Padus.
14. Asperula odorata.
15. Staphylea pinnata.
16. Syringa vulgaris.
17. Lonicera Xylosteum.
18. Pyrus Aucuparia
19. Syringa persica.
20. Mespilus monogyna.
21. Berberis vulgaris.
22. Cydonia vulgaris.
23. Laburnum vulgare.
24. Evonymus europaea.
25. Rosa rugosa.
26. Paeonia officinalis.
27. Philadelphus coronarius
28. Rosa canina.
29. Iris germanica.
30. Sambucus nigra.
31. Cornus sanguinea.
32. Lychnis chalcedonica.
33. Ligustrum vulgare.
34. Hemerocallis fulva.
35. Aconitum Napellus.
36. Melissa officinalis.
37. Eupatorium cannabinum.
38. Hydrangea paniculata.
39. Aster horizontalis.

AOÛT | SEPTEMBRE | OCTOBRE | NOVEMBRE | DÉCEMBRE

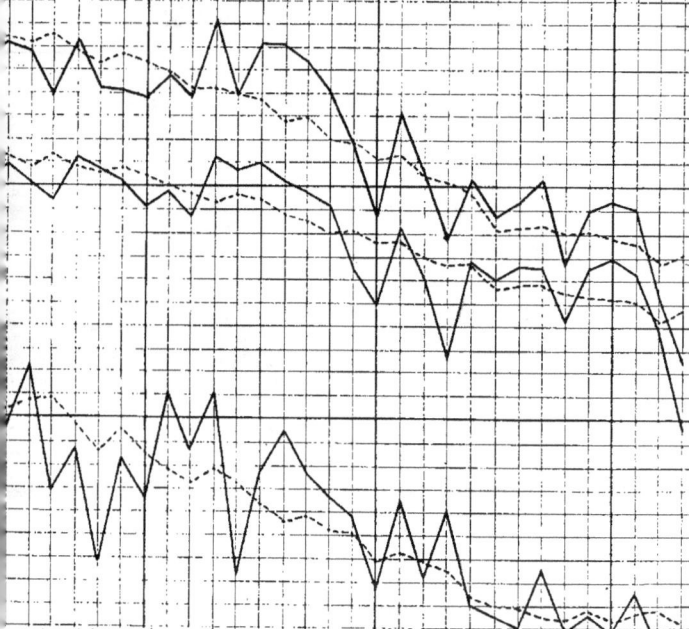

250   300   350

années d'observations.

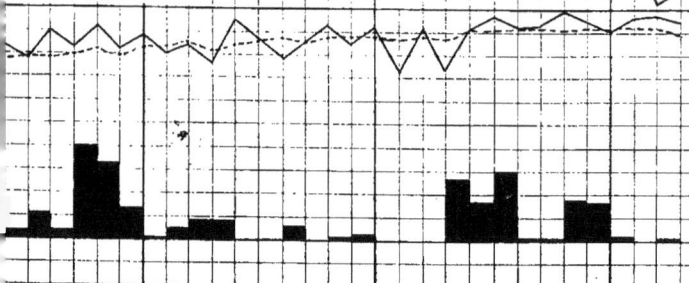

TABLE ALPHABÉTIQUE

DES

PLANTES REPRÉSENTÉES PAR LES PHOTOTYPIES, ET DE CELLES DONT LA RÉPARTITION EST DONNÉE PAR LES CARTES 3 ET 4.

www.ingramcontent.com/pod-product-compliance
Lightning Source LLC
Chambersburg PA
CBHW060121200326

41518CB00008B/893